高等学校生物工程专业教材

微生物学实验指导

黄海婵　主编

中国轻工业出版社

图书在版编目（CIP）数据

微生物学实验指导／黄海婵主编．—北京：中国轻工业出版社，2023.12
ISBN 978-7-5184-4462-5

Ⅰ.①微…　Ⅱ.①黄…　Ⅲ.①微生物学—实验—高等学校—教材　Ⅳ.①Q93-33

中国国家版本馆CIP数据核字（2023）第141233号

责任编辑：江　娟　　责任终审：劳国强
文字编辑：狄宇航　　责任校对：吴大朋　　封面设计：锋尚设计
策划编辑：江　娟　　版式设计：王超男　　责任监印：张　可

出版发行：中国轻工业出版社（北京鲁谷东街5号，邮编：100040）
印　　刷：三河市国英印务有限公司
经　　销：各地新华书店
版　　次：2023年12月第1版第1次印刷
开　　本：787×1092　1/16　印张：9
字　　数：200千字
书　　号：ISBN 978-7-5184-4462-5　定价：32.00元
邮购电话：010-85119873
发行电话：010-85119832　010-85119912
网　　址：http://www.chlip.com.cn
Email：club@chlip.com.cn
如发现图书残缺请与我社邮购联系调换
210638J1X101ZBW

前　言

微生物学中独特的实验技术在生物学科的发展中占据着突出的位置，分子生物学、基因工程学、生物技术等都需要微生物学实验操作技能作基础，是学习后续课程和进行科研工作的基础，同时又是培养学生独立思考和理论联系实际能力的重要手段。

微生物学实验课的重要任务，在于训练学生熟练掌握微生物学实验技术和操作规范，认识了解微生物多样性以及加深理解微生物学理论知识。首先，通过微生物学实验学习和训练，学生必须掌握基本的微生物各项基本技能的规范操作（显微镜观察技术、无菌操作技术、分离纯化技术、纯培养技术及基本的检测鉴定技术等），具有应用实验仪器进行微生物培养，并观察、认识微生物各种基本生命特征的能力。同时，能理解、掌握和灵活应用知识点，理解并掌握现代微生物学理论与相关技术的理论基础和知识点之间的相互关联，具备对理论与实验技术灵活运用的能力。更深层次，当学生掌握了基本的实验技术之后，能够独立自主地进行自己感兴趣的微生物学课题的实验与研究，培养学生提出和解决微生物学实际问题和复杂工程问题的技术能力和创新意识；牢固树立实验室安全和环保意识，培养认真思考的科学素养和分析问题、解决问题的科学能力；坚持守正创新精神，坚持实事求是、不剽窃、不抄袭、不伪造、不篡改、严肃认真的科学态度，树立诚信学习、诚信实验的正确观念，勤俭节约、爱护公物的良好作风等良好品质。

教材分为四个模块，微生物学实验基础知识、微生物学基本实验技术、微生物学基础性实验和微生物学应用型综合性实验。微生物学实验基础知识模块介绍了微生物学实验规则、安全防护意识等必备素质要求，基本实验技术、基础实验模块与综合实验中的各个步骤直接对标，大大增强了学生专业技能学习和基础实验的针对性，也加强了学生对综合实验的整体把握和深入了解，对微生物研究有个整体、全局的把握。

教材还整合各类优质教学资源（教学视频、微课等），对其中重要的技术技能以“立体化”的形式展现，提供了每时每刻、无处不在的学习，学生可以在任何地方、任何时刻通过扫描教材中的二维码获取学习所需的资源。通过现代信息技术手段、数字教育资源与教学内容有机融合，通过互联网、多媒体技术形成的以纸质教材与移动终端互动的立体可视化的现代教学生态模式，是实现“互联网+教育”的一种教学应用。

本书总结了浙江工业大学微生物学教研室 30 余年在微生物学实验教学、教改、科研方面的宝贵经验，也借鉴了部分兄弟院校同类教材的成功经验。感谢李彤彤老师编写了第四章实验四、五、六、七，感谢钟卫鸿、裘娟萍两位专家对编写工作提供了深入的专业建议，感谢孙东昌、赵春田、音建华、金维华、汪琨几位老师对本书的大力支持，感谢张家宁、楚盈雁两位同学对视频拍摄工作的帮助。希望本书能为学习微生物学实验技术的各位朋友提供有效的帮助。

目　录

第一章　微生物学实验基础知识

第一节　微生物学实验室规则与安全防护

微生物学实验课在训练学生掌握微生物实验规范操作技能，培养学生实事求是、严谨科学的求实精神的同时，也培养学生严格遵守实验室规则，掌握微生物实验安全知识和技能，树立起正确的安全防范意识，以及勤俭节约、爱护公物的良好作风。

根据微生物学实验工作特点，特提出如下实验规则和安全防护注意事项：

1. 充分预习

每次实验前必须对实验内容进行充分预习，以了解实验的目的、原理和方法，对实验中的基本操作，事先通过课件和视频资料进行线上学习，做到心中有数、思路清晰。

2. 认真及时做好实验记录

对于当时不能得到结果而需要连续观察的实验，则需记下每次观察的现象和结果，以便分析。

3. 实验时操作小心谨慎，严格按照规范操作

（1）实验室内应保持整洁，切勿高声谈话和随便走动，保持室内安静，不可在实验室内饮食，不能进行与实验操作无关的事情。

（2）工作时，必须穿着相关工作服；有开放性创口必须汇报指导教师，并做好安全防护工作。

（3）实验进程中，遇有盛菌试管或瓶不慎打破、皮肤破伤或菌液吸入口中等意外情况发生时，应立即报告指导教师，及时处理，切勿隐瞒。

（4）需要带出实验室的手写文件和工作服必须保证在实验室内没有受到污染。

（5）严禁将实验材料置于口内、舔标签、用鼻子靠近闻嗅等行为。

（6）实验过程中，切勿使酒精、乙醚、丙酮等易燃药品接近火焰。

（7）如遇火险，应先关掉火源，再用湿布或沙土掩盖灭火，必要时用灭火器。

（8）使用显微镜或其他贵重仪器时，要求细心操作，小心爱护，如有故障应及时向教师汇报。

（9）对消耗材料和药品等要力求节约，用毕后放回原处。

（10）破碎的玻璃器皿一律清除污染后丢弃，不得使用，以防割伤；打碎的玻璃器皿不能直接用手处理，必须用其他工具处理，比如刷子和簸箕、夹子或镊子。

（11）每次实验需进行培养的材料，应标明自己的组别及处理方法，放于教师指定的地点进行培养。

（12）实验室中的菌种和物品等，未经教师许可，不得携出室外。

（13）实验后，凡是带菌（仅限于普通教学用微生物）的锥形瓶、培养皿、移液管、涂棒、滴管等器皿，用后必须经沸水煮沸半小时以上或者高压蒸汽灭菌，再取出清洗归置。

（14）实验完毕后，必须把所用仪器抹净放妥，将实验室收拾整齐，清扫干净。

（15）离实验室前应将手洗净，注意关闭门窗、灯、火、煤气等。

4. 所有微生物废弃物严格按照规范操作处理

微生物实验室所用的培养物、储存物、废弃物都需要按规定进行严格的消毒灭菌处理后，才可进行丢弃，避免污染环境。

（1）非污染废弃物（日常用品）可重复使用，或按普通“家庭”废弃物丢弃。

（2）大多数玻璃器皿（如载玻片、试管、平皿等）、实验服经严格消毒，可重复使用。

（3）微生物废物，如琼脂平板、微生物培养液等经高压蒸汽灭菌或热水煮沸消毒30min，倒弃处理。需要重点注意的是，污染锐器（包括皮下注射针头、注射器、手术刀、毛细管及破碎玻璃等）应将其完整地收集在盛放锐器的硬质、防漏、防刺破的容器中，可先高压蒸汽灭菌后再专业处置，也可直接焚烧。

5. 实验报告实事求是

每次实验的结果，应以实事求是的科学态度填入实验报告中，力求简明准确，并连同思考题及时交教师批阅。

第二节　微生物实验室安全应急程序

每个生物安全实验室都必须配备一些急救装备，包括急救箱、合适的灭火器和灭火毯等。急救箱应放置在显著位置并易于识别，里面包括常用的和特殊的解毒剂，还需有碘伏、创可贴、急救包、急救手册等常用物品。这些急救设备应当放置在容易拿取且明显的位置。每位实验人员还应当熟知微生物实验过程中可能发生的意外或突发情况时的应对措施，如下：

（1）当实验菌种液体倾倒至白大褂上，请立即更换，并将污染白大褂放入灭菌锅内消毒后再进行清洗。

（2）如菌液污染桌面或其他地方时，可用3%来苏尔液或5%石炭酸液覆盖其上半小时后擦去。也可用抹布擦拭，再用新洁尔灭擦拭消毒，擦过的抹布放入灭菌锅内消毒后再清洗。

（3）如果带菌玻璃试管或培养皿破裂，请将破碎玻璃用镊子夹至不锈钢锅内煮沸消毒，把布或纸巾覆盖在污染的破碎物品和台面上，然后将布、纸巾以及破碎物品清理掉，并用消毒剂擦拭污染区域。

（4）在发生剪刀、镊子等锋利物刺伤、切割伤或擦伤时，为避免再污染，受伤人员应立即停止工作，脱下手套，用清水和肥皂水对伤口进行冲洗，必要时可使用适当的皮肤消毒剂，尽量挤出损伤部位的血，取出急救箱，对污染皮肤和伤口用碘酒或75%乙醇擦洗，反复多次，最后对伤口进行适当包扎，必要时进行医学处理。

（5）当皮肤被污染，用水和肥皂冲洗污染部位，并用适当的消毒剂（如75%乙醇、碘伏或其他皮肤消毒剂）浸泡；如果黏膜污染，则用大量流水或生理盐水彻底冲洗污染部位。

（6）当眼睛溅入实验液体时，应立即停止工作，在同操作者的配合下，用洗眼器冲洗，然后用生理盐水连续冲洗，注意动作不要过猛，以免损伤眼睛，后续根据情况跟进处理，必要时进行医学处理。

以上突发情况发生时在进行对应紧急处理的同时，均需上报实验负责人或者指导教师。

第三节　微生物学实验常用器材

微生物学实验常用器皿和材料主要包括锥形瓶、试管、培养皿、载玻片、盖玻片等玻璃器具以及接种工具、显微观察相关的实验材料等。图 1-1 列出了微生物学实验常用器皿和材料。

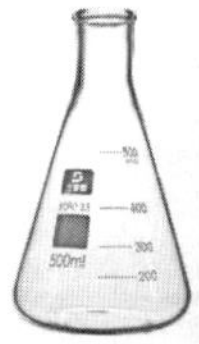

（1）锥形瓶

（2）培养皿

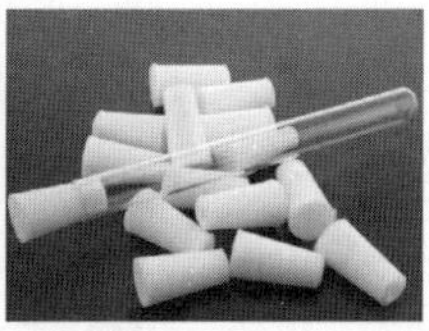

（3）试管及试管塞

（4）涂棒

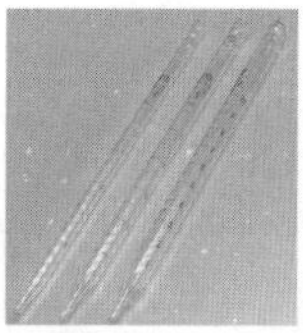

（5）移液管

（6）载玻片、盖玻片

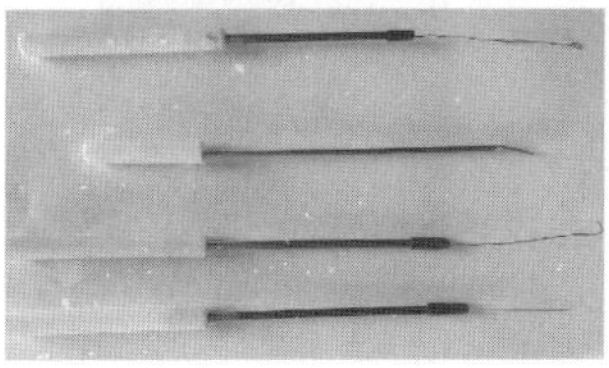

（7）接种工具（接种环、接种铲、接种钩、接种针）

（8）镊子

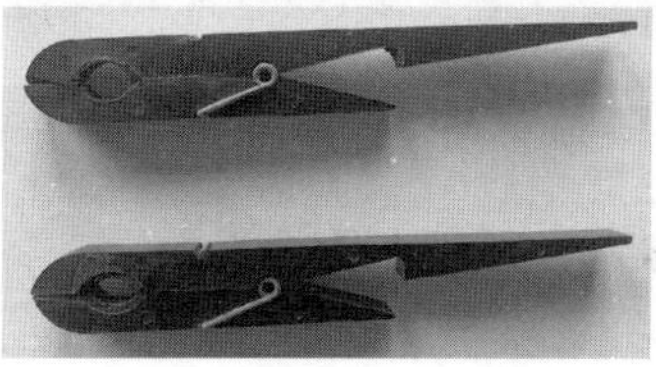

（9）玻片夹

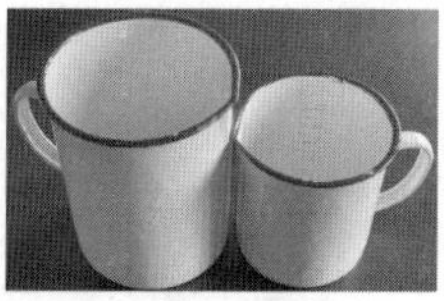

（10）搪瓷缸

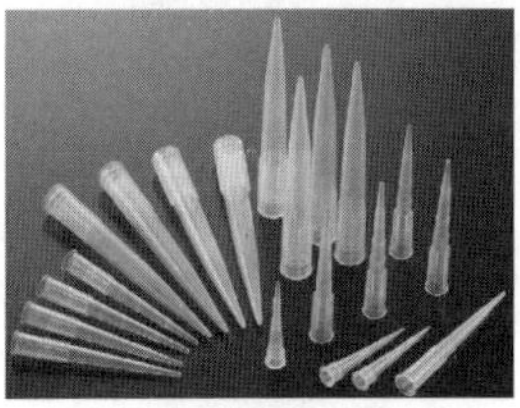

（11）移液枪枪头

（12）Eppendorf管

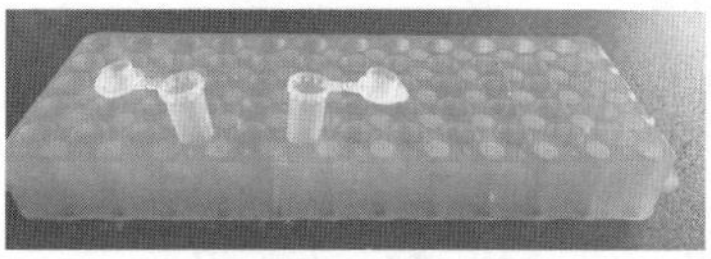

（13）Eppendorf管架

（14）擦镜纸吸水纸

（15）目镜测微尺

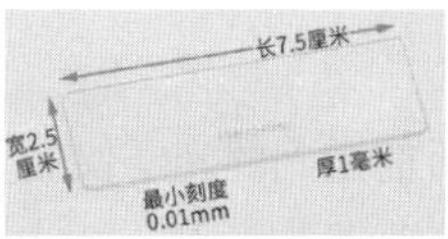

（16）镜台测微尺

（17）血球计数板

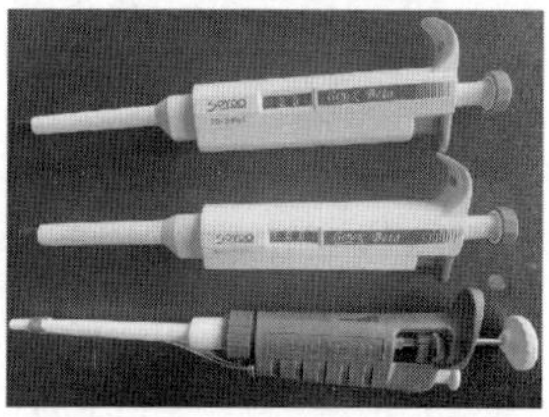

（18）移液枪

图 1-1　微生物学实验常用器皿和材料

除了以上常用实验器皿和材料外，微生物实验中还会使用一些个体防护装备（实验服、手套、护目镜、安全眼镜等），以有效屏蔽生物因子与人体发生直接接触。在微生物实验过程中可能存在着化学危险品，以及对人体有或轻或重传染性的细菌、病毒等微生物，生物样品，生物废弃物等材料。为预防得当，微生物教学实验中，学生需穿实验服、工作服等避免污染，若手上有伤或出皮疹，则需要戴手套（微生物学认可的一次性乳胶、乙烯树脂或聚腈类材料，其可保护手并避免直接接触微生物），必要时还需要佩戴保护眼睛的相关器具（护目镜或安全眼镜），对人体进行必要有效的防护。

第四节　微生物学实验常用仪器设备

微生物学实验常用仪器设备包括干燥箱、电子天平等一些常规设备，还包括一些生物实验特定的设备，如显微镜、超净工作台、培养箱、恒温振荡培养器和高压蒸汽灭菌器等（图 1-2）。

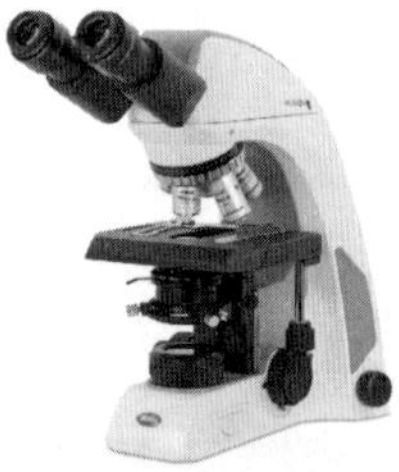

（1）显微镜

（2）超净工作台

（3）培养箱

（4）鼓风干燥箱

（5）恒温振荡培养器

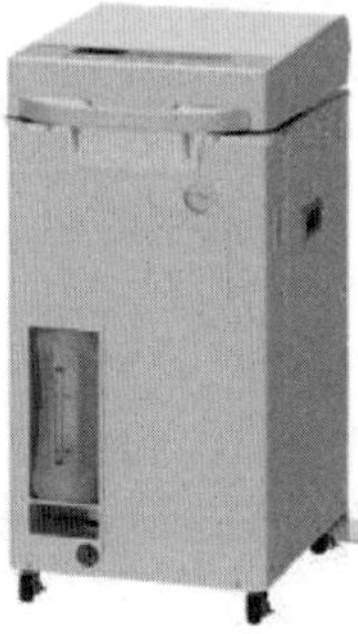

（6）高压蒸汽灭菌器

（7）低温冰箱

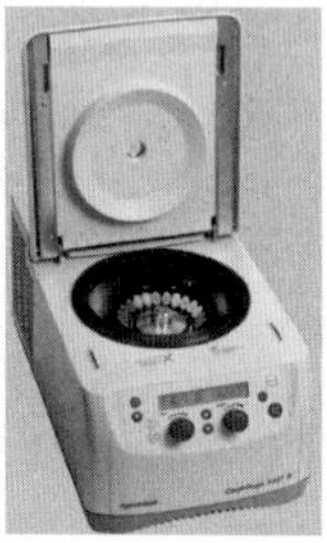

（8）冷冻离心机

图 1-2　微生物学实验常用仪器设备

1. 显微镜——观察设备

显微镜为一种可放大微小物体为人的肉眼所能看到的光学仪器。微生物个体微小（≤0.1mm），需要借助显微镜才能观察到它们的个体形态和细胞结构。微生物观察中最常用到的为光学显微镜，具体详细见第二章第一节“实验一　普通光学显微镜的构造、使用与维护”。

2. 超净工作台——安全设备

微生物的培养都是在特定培养基中进行无菌培养，无菌培养必然需要一个洁净的工作区域以保证一个无菌的工作环境。超净工作台是以局部净化为核心的一种设备，风机将空气吸入顶部或侧位的预过滤器，再经由高效过滤器将空气进行过滤，而后以垂直或水平气流的状态送出，使固定操作区内的空间达到相对无尘以及无菌状态。超净工作台广泛地使用在医疗卫生、制药、化学实验、电子、国防、精密仪器、仪表等需要操作区空气净化的领域。在微生物学实验室中，超净工作台主要用于普通微生物的接种，室内空气经过高效过滤器过滤形成洁净气流吹向工作台面，保护实验样品免受工作区域外的粉尘或细菌的污染，但带有微生物气溶胶的空气会向实验操作人员和环境溢出，对人员和环境是没有保护作用的。

3. 恒温振荡培养器（又称恒温培养摇床）——培养设备

在微生物实验操作过程中，液体培养基培养微生物时需要在特定温度下振荡使用，通过振荡供给微生物合适的氧气。瓶口常用八层纱布或其他通气隔菌的膜进行包装以保证隔菌通气。

4. 高压灭菌器——灭菌设备

在微生物实验中，需要进行纯培养，不能有任何杂菌污染，因此必须对所用器材、培养基等进行严格灭菌。通过高压灭菌器的高温高压蒸汽可以杀死一切微生物，甚至包括细菌的芽孢、真菌的孢子等耐高温个体，是使用最广、最有效的灭菌方法。在基础教学、科研实验室中采用的比较多的为电加热式高压灭菌器，通过水蒸气的高温导致微生物细胞内蛋白质凝固变性而达到杀死微生物的目的。电加热高压灭菌器构造简单，操作容易，可用于医疗器械、敷料、玻璃器皿、溶液培养基等的消毒灭菌，广泛应用在生物、农业、卫生医疗等领域。

5. 培养箱——培养设备

培养箱为实验室常用的一种培养仪器，根据生物对温度、湿度、光照等的需求，有恒温培养箱、恒温恒湿培养箱、生化培养箱、光照培养箱、霉菌培养箱、二氧化碳培养箱等多种形式，为微生物的生长提供一个适宜的环境。

6. 生物安全柜——安全设备

生物安全柜为生物类实验室常见的安全设备。在操作原代培养物、菌毒株以及诊断性标本等具有感染性的实验材料时，可用来保护操作者、实验室环境和实验材料，使其避免暴露于上述操作过程中可能产生的感染性气溶胶和溅出物而设计的。微生物实验中涉及的部分试剂和样品微生物对环境、人体是不友好的，比如在进行琼脂平板划线接种、用移液管接种细胞培养瓶、采用多道加样器将试剂混悬液转移到微量培养板中、对感染性物质进行匀浆及涡旋振荡、离心及动物操作时，这些实验操作都可能产生感染性气溶胶，进而给操作人员和环境带来危害。为了防止有害悬浮微粒、气溶胶的扩散，可以利用生物安全柜对操作人员、环境以及样品与样品间交叉感染提供安全保护。

7. 冰箱——保藏设备

冰箱（-18~4℃）、低温冰箱（-40~-20℃）及超低温冰箱（-80℃）是实验室保存试剂和样品必不可少的设备。微生物学实验中用到的试剂有些要求是4℃保存，有些要求是-20℃甚至是-80℃保存，实验人员需要根据试剂和样品的保存条件，放置在恰当的温度下保存。

8. 冷冻离心机——分离设备

用于收集微生物、细胞碎片、细胞、大的细胞器、硫酸沉淀物以及免疫沉淀物等，同时提供4℃的环境能尽可能地保证实验物质的生物活性。

第五节 微生物学实验报告的书写要求

一、实验预习部分

学生进入实验室前应预习实验，并书写预习报告。实验预习报告应包括以下五个部分：①实验目的：明了实验需要具体掌握的基础知识和实验操作技术；②实验原理：要求以自己的语言归纳要点；③实验材料：包括菌名、仪器、试剂及样品。只列出主要仪器、试剂（常规材料不列）；④操作方法：包括实验流程或路线、操作步骤，要求简明扼要；⑤注意事项：列出实验操作中的关键技术要点。

依据各部分内容是否完整、清楚、简明等，分以下三个等级：

（1）优秀　项目完整，能反映实验者的加工、整理、提炼。

（2）合格　较完整，有一定整理，但不够精练。

（3）不合格　不完整、缺项，大段文字完全照抄教材，记流水账。

实验预习报告不合格者，不允许进行实验。

二、实验报告部分

1. 实验结果

实验记录是实验教学、科学研究的重要环节之一，必须培养严谨的科学作风。

实验记录的主要内容包括以下三方面：①显微镜观察结果，要求图像清晰、大小合适，图有编号和图题，并注明图中菌的名称或者部位，图题中注明显微镜放大倍数，图片要求彩色打印并粘贴到实验报告合适位置，同时显微镜观察结果要求有文字说明；②实验中观察到的现象需拍照并加以文字说明（如加入试剂后溶液颜色的变化）；③原始实验数据：设计实验数据表格（注意三线表格式，且有规范表题），准确记录实验中测得的原始数据（显微镜观察图题示例见图1-3）。

实验记录应在实验过程中书写；应该用钢笔或者圆珠笔记录，不能用铅笔。记录不可擦抹和涂改，写错时可以准确划去重记。

记录数据时请教师审核并签名。实验结果分以下三个等级：

（1）优秀　如实详细地记录了实验条件、实验中观察到的现象、结果及实验中的原始数据等；实验记录用钢笔或者圆珠笔记录，没有擦抹和涂改迹象。实验结果有归纳、解释说明，结果准确，书写规范，图片清晰合宜。

（2）合格　堆砌实验现象、数据，解释说明少；对实验图像处理粗糙；实验中观察到的现象不细致；原始数据无涂改迹象，但不规范。

（3）不合格　记录不完整，有遗漏；图片无图题、无标注，不按要求进行文字说明，以0分计；图、表格格式错误；用铅笔记录原始数据；最终实验结果错误且无解释说明，图、表格、数字不规范。若记录的结果有怀疑、遗漏、丢失，必须重做实验，培养严谨的科学作风。

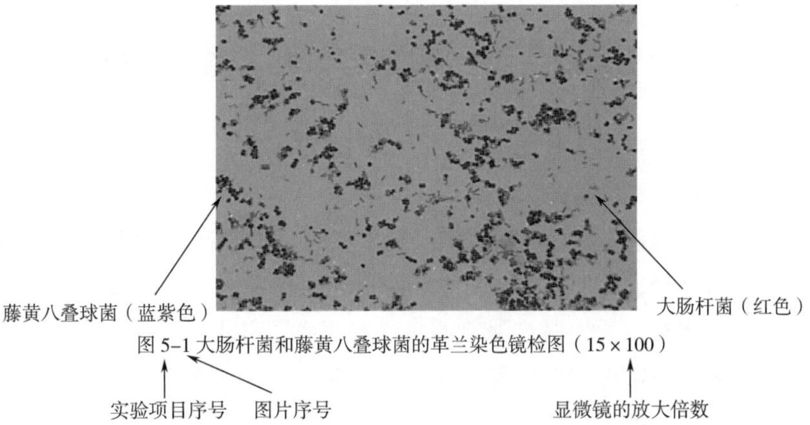

图 1-3　显微镜观察图题示例

2. 分析与讨论

讨论应围绕实验结果进行，不是实验结果的重述，而是以实验结果为基础的逻辑推论，基本内容包括：①用已有的专业知识理论对实验结果进行讨论，从理论上对实验结果的各种资料、数据、现象等进行综合分析、解释，说明实验结果；②实验结果提示了哪些新问题，指出结果与结论的理论意义及其大小；③对实践的指导与应用价值；④实验中遇到的问题、差错和教训，与预想不一致的原因，有何待解决的方法，提出在今后的实验中需要注意和改进的地方；⑤实验目的是否达到。

同时能结合查阅的其他文献等资料进行讨论，有独到的见解。在实验结果和理论分析的基础上，经过推理，归纳规律得出结论。结论要严谨、精练，表达要准确，与实验目的呼应。

分析与讨论分为以下三个等级：

（1）优秀　分析实验结果的问题与经验；分析实验设计的优劣；能提出实验技术、方法的改进意见；能结合自己查阅的其他资料来讨论，有自己独到的见解；有结论。

（2）合格　仅针对实验结果进行讨论，有一定自己的见解。

（3）不合格　将讨论写成注意事项分析或回答思考题等，与实验结果无关。

3. 思考题

能结合查阅的其他文献等资料对思考题进行思考和回答。

根据回答情况分为以下三个等级：

（1）优秀　回答准确，逻辑清晰。

（2）合格　回答基本正确，但有部分遗漏。

（3）不合格　回答错误。

4. 格式与版面

按照实验报告的书写格式、版面是否整洁、工整，分三个等级：

（1）优秀　实验报告字体工整，版面整洁。

（2）合格　如实完成实验报告，字体较工整，版面较整洁。

（3）不合格　实验报告字体潦草，版面凌乱。

第六节　微生物学实验考核和技能的评测

实验考核是检查学生掌握实验操作和理论知识情况的重要一环，要求教师能合理公平地评价学生的表现和学生的综合素质。

微生物学实验的成绩评定包括平时成绩和期末评测两块内容。平时成绩主要考核学生在线学习情况、课程参与情况、实验完成质量、课程问题研讨情况以及实验报告完成情况等。课堂教学活动中，要求每位学生通过课前的自学和思考，线上线下人人有发言、发言有内容，教师会对每次教学活动中学生参与程度、发言时长、发言内容与质量等进行统计和评分。教师也会对学生提交的实验报告严格把关，杜绝抄袭剽窃现象。

在完成全部实验内容后，需要对学生所掌握的情况进行集中评测，包括笔试题和实验操作题两部分。在实验考核环节，要求学生以抽签的方式，每位学生从实验题库中抽取笔试题和操作题。笔试题一般为实验设计题，要求学生根据所学进行实验设计，简单列出实验方案，比如“如何用血球计数板计量酵母菌悬液中死、活菌体数”“空气中微生物的培养和菌落总数的测定”“如何从自然界快速筛选嗜盐微生物”。对微生物实验操作技能考核进行了详细的设计，学生在规定的时间内完成实验操作，每个实验都详细地列出了应掌握的技术要点和细节，每个细节错误扣1~2分。表1-1详细列出了其中五个微生物实验技术的操作细节。比如在斜面接种技术考核中就通过7个细节考查学生是否掌握了“火焰灭菌”的方法，是否正确掌握了斜面无菌接种操作的方法，以及考查学生斜面接种完成度情况。

表1-1　实验操作考核细化表

考核项目	操作细节
斜面接种技术	1. 接种环是否经火焰灭菌？ 2. 试管斜面在拔塞和加塞前是否经过火焰灭菌1~2次？ 3. 试管塞子是否用右手手掌边缘或小指与无名指夹住？手指有没有直接触碰塞子尾部？ 4. 左手拿试管是否是手心朝上，托在试管底部？ 5. 试管口是否在火焰5cm的范围内？试管口是否始终保持对着火焰？ 6. 烧红的接种环在接种前是否已冷却？ 7. 接种的痕迹是否为漂亮的“之”字形？接种斜面是否有被划破？
无菌倒平板技术	1. 倒平板前培养基是否冷却至50~55℃？平皿盖上是否有大量水蒸气凝结？ 2. 盛培养基的锥形瓶是否在火焰5cm的范围内操作？瓶口是否始终保持对着火焰？ 3. 盛培养基的锥形瓶塞子是否始终拿在手上，并且手指没有直接接触塞子底部？ 4. 培养基倒入培养皿中是否迅速？加盖后是否轻轻摇动？ 5. 凝固后的平板是否厚薄适宜、光滑整齐？

续表

考核项目	操作细节
显微镜操作技术	1. 取镜时或者移动显微镜时是否右手紧握镜臂，左手托住镜座，轻轻放置？ 2. 是否正确调节瞳距、镜台升降器？是否使用物镜转换器进行物镜转换？ 3. 是否正确使用弹簧夹夹住标本，并且使用推片器调节玻片位置？ 4. 能否正确使用油镜？油中是否有气泡？用完油镜后是否将物镜上的油处理干净？ 5. 显微镜使用完毕后是否将光源调节至最小，将载物台下降至最低点，并将低倍镜对准载物台中央圆孔处，收好电源线，盖上防尘罩？
分离纯化技术（以平板分区划线分离法为例）	1. 操作是否全程严格无菌操作？ 2. 接种是否适量？划线是否丝滑？ 3. 第二区、第三区划线前是否将接种环进行火焰灭菌，冷却后从前一区接种？ 4. 划好线的平板是否完整没有破损？分区是否合理？ 5. 培养好的平板是否长出单菌落？单菌落是否星点分散，方便挑取？
移液管的包扎技术	1. 塞入移液管顶端的棉花塞是否松紧恰当？对着火焰吹时，是否能使火焰轻微吹摆动？ 2. 移液管尖端是否被报纸双层包裹？ 3. 移液管尾端是否留足报纸长度用于打结，将尾端良好固定？ 4. 用报纸包好的移液管是否从头至尾都被报纸良好地包裹住，紧贴不松散？

拓展资源

微课“微生物学实验须知”

微生物学实验须知

第二章　微生物学基本实验技术

第一节　显微镜观察技术

实验一　普通光学显微镜的构造、使用与维护

显微镜是一种精密的光学仪器，是学习和研究微生物的重要工具之一，微生物个体微小（≤0.1mm），借助显微镜才能观察到它们的个体形态和细胞结构。实验室常用的是一种普通光学显微镜，只有了解它的原理和构造，才能正确使用和充分发挥它的性能，并得到良好的实验效果。

一、目的要求

1. 了解普通光学显微镜的结构、基本原理，特别是油镜的原理。
2. 了解普通光学显微镜维护和保养的相关知识。
3. 掌握普通光学显微镜的正确使用方法，特别是油镜的使用技术。

二、光学显微镜的结构和基本原理

（一）光学显微镜的构造

普通光学显微镜是由机械部分和光学部分两大部分组成（图 2-1）。

1. 显微镜机械部分

（1）镜座　即显微镜的底座，使显微镜稳立在台面上，有的显微镜镜座内装有照明光源或反光镜。

（2）镜臂　上接镜筒，下连镜座，搬运显微镜时，需要一手握住镜臂，一手支撑镜座。

（3）镜筒　位于镜臂上方，上端安装目镜，下端连接物镜转换器，形成目镜与物镜间的暗室。一般镜筒多为 45°倾斜式，便于使用。

（4）物镜转换器　安装物镜的圆盘，为使用方便，一般按照放大倍数高低顺序排列，旋转转换器时，物镜可挨个地被推到正确的使用位置上。使用时应用手指捏住转换器圆盘旋转，不要直接用手推动物镜，以防物镜和转换器间的螺丝松脱而损坏显微镜。

（5）载物台　即安放标本片或载玻片的工作台，中央有一通光孔为光线通路。台上装有一对弹簧标本夹或附有标本夹的十字推动器。有的载物台上的纵横坐标上还安装有游标卡尺，可对被检部分做标记，便于重复观察。

（6）推动器　是装在载物台两侧的螺旋或附在载物台上的标本推动器，用调节手轮来

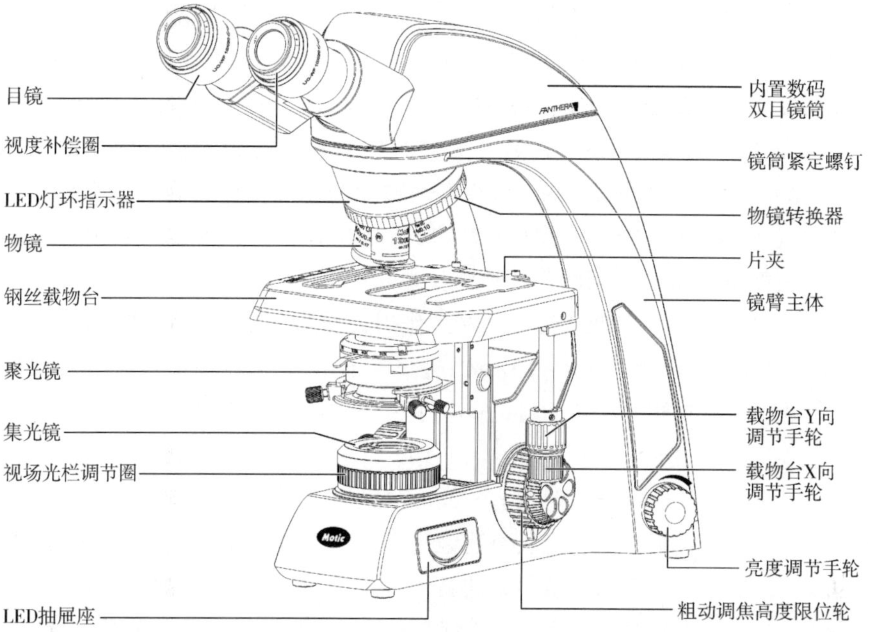

图 2-1　显微镜构造示意图

移动标本，寻找物像。

（7）粗调节螺旋和细调节螺旋　为了得到清晰物像，需调节物镜与标本间的距离，使之与物镜的工作距离相等，这种操作称为调焦。在显微镜的镜臂下后方，装有大、小两个螺旋，大螺旋为粗调节螺旋，操作时做快速调焦用。调到隐约可见标本物像时为止，然后改用小的细调节螺旋做精确调焦，使所观察的标本至最清晰为佳。粗调节螺旋旋转一圈可使镜筒或载物台升降约 20mm，细调节螺旋每转一圈，镜筒或载物台移动 0.1mm 或 0.2mm（依显微镜型号而定）。当标记达到极限时，需重新用粗调节螺旋拉开物镜与标本片的距离，再进行调节。

2. 显微镜光学部分

（1）反光镜　装在聚光镜下面的镜座上，可以以任意方向转动以对准光源。其一面为平面镜，另一面为凹面镜。作用是使光源发出的光线射向聚光镜。在光线充足时用平面镜，反之用凹面镜。

（2）聚光镜　位于载物台之下，汇聚光线成一束强的光锥，增强标本照明强度。使用时，用聚光镜升降螺旋调节，一般低倍镜观察时，应降低聚光镜位置，使光线减弱；用高倍镜或油镜观察时，应升高聚光镜位置，使光线增强。

（3）光圈　也称为虹彩光圈或可见光阑，位于聚光镜下方，由十几张金属薄片组成，中心部分形成圆孔。推动侧面光圈把手，可随意调节大小，以变换光量。推动调节把手时不可用力过猛，也不要用手指触摸光圈薄片，以免损坏。在用低倍镜镜检时宜调小光圈，若用高倍镜和油镜镜检时可开大光圈。在光圈下面有一圆形滤光片托架，便于放置滤光片，供选择某波段的光线用。

（4）物镜（接物镜）　安装在转换器上，一般安装有3个或4个物镜头。其作用是将标本做第一次放大，然后再由目镜做第二次放大。它是决定显微镜性能最重要的部件，关系到分辨率的高低。物镜按放大倍数分为低倍镜，即4×、8×、10×；中倍镜，20×；高倍镜，40×、45×、65×；油镜，90×、100×，大多数实验室会配置4×、10×、40×、100×四个物镜。物镜的放大倍数、数值孔径和工作距离是物镜的主要性能参数，通常标记于镜头上。比如，10×物镜上标有10/0.25和160/0.17字样，表示物镜放大倍数为10倍，数值孔径 *NA* 为0.25，镜筒长度160mm，使用的载玻片厚度为0.17mm。

（5）目镜（接目镜）　安装在镜筒上端。作用是将物镜放大了的实像再放大形成虚像映入眼帘。其放大倍数有8×、10×、15×或16×，字样标记于目镜上，目镜不宜随意取下，以防尘埃落入镜筒。不同放大倍数的目镜口径是一致的，可互换使用。

（二）显微镜的基本原理

由外界入射的光线经反光镜反射向上，或由内光源发射的光线经聚光镜向上会汇聚在被检标本上，由标本反射或折射出的光线经物镜进入，使光轴与水平面倾斜45°角的棱镜在目镜的视场光阑处，形成放大实像，该实像再经目镜放大成虚像，因此显微镜的放大倍数为物镜放大倍数与目镜放大倍数的乘积。在物镜与标本间不加任何液体介质，光线自标本射出后，经过不同密度的介质物体（玻片→空气→物镜），部分光线发生折射而散失；使用油镜时，在标本片与物镜间加入一种与玻璃折射率（$n=1.52$）相近的介质，可以避免光的散射。

显微镜分辨率指的是显微镜分辨物体细微结构的能力，也就是分辨物体两点间的最短距离（D）的能力，可用公式表示 $D=\lambda/2NA$，λ 为可见光的波长（平均为550nm）；NA 为物镜的数值孔径，D 值越小，表明分辨率越高，光波越短，数值孔径越大，则分辨率越高。而 $NA=n\cdot \sin(\alpha/2)$，n 为物镜与标本间的介质折射率；α 为物镜的镜口角，镜口角是指光波投射到物镜前透镜边缘的最大夹角，镜口角越大，进入的光线越多，显微镜的分辨率越高，但因镜口角度增大有限，故通过选用折射率与玻璃相近的介质比如香柏油，不仅可以增加照明亮度，还是增大分辨率的重要途径。

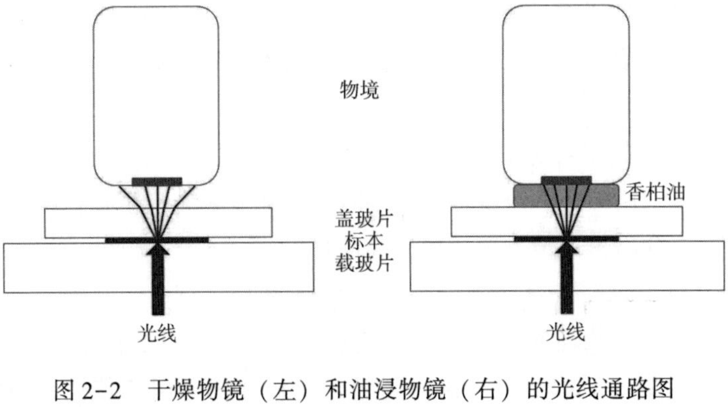

图2-2　干燥物镜（左）和油浸物镜（右）的光线通路图

注意：一些物质的折射率，如玻璃1.52、香柏油1.515、石蜡油1.481、甘油1.475、水 1.33、空气 1.0003。

三、实验材料

1. 菌种

大肠杆菌（*Escherichia coli*），枯草芽孢杆菌（*Bacillus subtilis*）。

2. 仪器和其他物品

普通光学显微镜，香柏油，二甲苯，擦镜纸等。

四、操作步骤

（一）显微镜使用前的准备工作

1. 取镜

拿显微镜时，必须右手握镜臂，左手托住镜座，轻拿轻放。严禁推挪显微镜（推动时造成的震动可能会导致显微镜内部零件松动）。

2. 对光

对于有内光源的显微镜，接通电源，直接使用目镜观察，并调节聚光器上的孔径光阑，使其孔径与视野恰好一样大或略小于视野，其目的是使入射光展开的角度与物镜的数值孔径相一致，既可充分发挥该物镜的分辨率，又能把超过该物镜可能接受的多余光拦住，否则会产生干扰，影响清晰度。

对于没有内光源的显微镜，将低倍物镜转至镜筒下方，转动粗调节螺旋，使物镜前透镜镜面与载物台距离约 1cm；上升聚光镜，开大光圈，调节反光镜对准光源，从旁观察使聚光镜镜面非常明亮，再以左眼从目镜中观察，并继续调节反光镜，直至视野内得到均匀明亮的照明为止。光源中直射阳光不能采用，晴天散射光是良好的光源。实验室宜用 20~30W 的日光灯或 60~100W 的乳白电灯泡为光源。

3. 放置标本

转动粗调节旋钮，下降镜台或升高镜筒，把细菌标本载玻片置于镜台上，有菌的一面朝上，用标本夹夹牢，转动标本推动器上的调节手轮使标本置于物镜的下方。

（二）显微镜的使用

1. 低倍镜观察

低倍镜镜面大、视野宽，易于发现目标和确定待检位置，故任何被检标本都需先经低倍镜观察。将标本片置于载物台上（正面朝上），被检部位用推动器移至物镜正下方。旋转粗调节螺旋下降物镜（或升高载物台）至距标本约 0.5cm 处，以左眼看目镜，同时用粗调节螺旋逆时针方向慢慢升起镜筒（或降低载物台）至视野内出现物像后，改用细调节螺旋微调至视野出现清晰物像，并将最好部位推至视野正中央，准备换中、高倍镜观察。

注意：使用显微镜时坐椅高度适当，两眼同时观察，调节光圈及光源亮度至适宜，否则长时间观察时双眼极易疲劳。

2. 中、高倍镜观察

将中倍镜（10×）转至镜筒下方，操作时要从侧面注视，防止镜头与玻片相撞。调节光圈和聚光镜使光线亮度适中。观察时用细调节旋钮调焦至物像清晰。仔细观察后，移动最适观察部位至视野中央，换高倍镜做进一步观察。避免使用粗调节螺旋，可能的误操作会损害镜头或载玻片；也不要双手同时向不同方向旋转左右调节手轮。

注意：观察时，如视野中有玷污，可以通过转动目镜、更换物镜及移动标本来判断其所在的部位，可以用吸耳球吹或者擦镜纸擦拭去除。在排除目镜、物镜、玻片等部位后，如果污迹依然无法清除，可判定为显微镜内部有污物，需要请专业人员进行处理。

3. 油镜观察

细菌或其他标本的细微结构都需要用油镜（90×或100×）观察。一般油镜工作距离极短（0.14mm左右），使用时要特别小心。先将标本用低倍镜至高倍镜依次观察，将需要观察部位移至视野中央，聚焦清晰；再将高倍镜移开，和油镜之间呈现“八”字形角，通过“八”字形间隙，在标本片的镜检部位滴上一小滴香柏油；侧面注视，缓慢将油镜转至卡位，镜头浸在香柏油中而又不以压迫载玻片为宜；从目镜中观察，调大光圈、提高聚光器，调节光线至最强程度，用细调节螺旋调焦，使物像十分清晰为止。如果上升镜筒时油镜已离开油面，必须重新开始，重复上面操作，直至看到物像为止。

注意：①玻片上滴上香柏油后，不能转回高倍镜进行观察，否则高倍镜容易误沾上香柏油，可按低倍镜→油镜顺序观察。②观察完一种材料，欲更换另一种材料时，务必将载物台下降至最低点，换好玻片后再依规范操作重新对焦，切勿直接抽换标本，以免刮伤镜头或玻片标本。③标本染色或其他任何操作皆应将玻片取下，操作完成后再放回载物台观察，切勿在载物台上操作，以免染剂或其他液体流入显微镜内部或伤及镜头。

4. 整理

镜检完毕，将载物台下降至最低点或将镜筒升高，取下载玻片，将油镜转离通光孔，及时进行“三擦”。最后将各部件归原，使之恢复存放状态，即下降聚光镜，开大光圈，反光镜垂直于镜座，下降镜筒并使物镜头呈“八”字形状态，将电源线卷好，盖上防尘罩，并收入存放柜或者箱中。用过的标本片，于涂面上滴一滴乙醇乙醚液（无水乙醇与乙醚为3∶7的混合液），用吸水纸擦去油污至洁净，放入标本盒中。

油镜“三擦”步骤：先用一张擦镜纸擦去镜头上的香柏油，再取另一张擦镜纸蘸取一滴乙醇乙醚液或者二甲苯，同一方向擦拭镜头两次，最后再用一张干净的擦镜纸擦去乙醇乙醚液或二甲苯残渍，确保油镜上的香柏油去除干净。若使用过程中高倍镜也误沾染上香柏油，也需用相同方法处理。

五、结果记录

按照显微镜观察的操作顺序，用油镜观察并绘出或拍摄所观察的细菌形态，要求图像清晰、大小合适、比例恰当，图有编号和图题，并注明菌名、显微镜放大倍数。

六、思考题

1. 阐述普通光学显微镜使用中最需要值得注意的点是什么。
2. 油镜使用完毕后，为什么需要及时将其擦净？用过多的二甲苯或者酒精擦拭油镜有什么伤害吗？
3. 使用油镜观察标本时，为什么选用香柏油作为物镜与标本间的介质？

七、拓展资源

1. 操作示范视频“无线智能互动系统的使用”“无线智能显微镜的使用”。

2. 微课“普通光学显微镜的使用和细菌的革兰染色”“显微镜的使用注意事项、维护及常见故障排除”。

无线智能互动系统的使用

无线智能显微镜的使用

普通光学显微镜的使用和细菌的革兰染色

显微镜的使用注意事项、维护及常见故障排除

实验二　相差显微镜的使用

一、目的要求

1. 了解相差显微镜的结构、基本原理。
2. 掌握相差显微镜的使用方法。
3. 了解相差显微镜维护和保养的相关知识。

二、相差显微镜的结构和基本原理

对于观察又薄又透明的样品，比如活细胞，在普通光学显微镜下往往是很难直接看到的。通常需要使用某种特定染料对细胞染色，或者直接观察有颜色的、有很好反差的细胞，比如洋葱表皮细胞、霉菌等。在实际生物学研究中我们需要一种可以不直接处理而对细胞进行观察的方法，相差显微镜很好地解决了这个问题。

相差显微镜又称为相衬显微镜，是一种增强对比度的光学技术，可用于生成透明样品的高对比度图像，如活细胞、微生物、薄组织切片等。相衬是一种将反射率或者标本的光学厚度转化成一种可见的黑白对比效果，就是利用光学机制将相位的微小变化转换为相应的幅度变化，转变为图片，使之肉眼可进行幅度的差异对比。相差显微镜的优点在于可以观察和记录正在进行的生物过程的动态，使活细胞可以在自然状态下被检查，而不需要事先被杀死、固定和染色。

相差显微镜构造和成像原理与普通光学显微镜相似，不同之处在于相差显微镜有专用的相差聚光器、相差物镜和对中望远镜（用于相差环板和环状光阑的合轴调节）。相差聚光器内设有插槽，可以根据需要放入对应的插板，插板有环状光阑（Phase Ring），相差物镜内装有相板（Phase Plate）。在相差观察中，照明是通过插板内的环形槽而完成的，环形槽与相差物镜内的暗环相对应。在相差显微镜使用之前，需要用一个对中望远镜来使两个环完全重合（图 2-3 和图 2-4），以校正相差位置。

图 2-3　环状光阑和相板不合轴

图 2-4　环状光阑和相板合轴

三、实验材料

1. 菌种

酿酒酵母（*Saccharomyces cerevisiae*）菌悬液或液体培养物。

2. 仪器和其他物品

带有相差聚光器、相差物镜以及光路带绿色滤光片的相差显微镜（Motic BA410E），载玻片，盖玻片，擦镜纸，香柏油等。

四、操作步骤

1. 制片

取洁净载玻片，将菌悬液或酵母液体培养物摇匀，用滴管滴加 1 滴于载玻片中央位置，盖上盖玻片（切勿有气泡）。

2. 显微观察

（1）准备工作　打开显微镜电源开关，完成瞳距调整、左右眼视度调节、聚光器的对中，将三目筒的光路转换杆推进到位，可使 100%光线进入观察系统。

（2）标本放置　将制备好的样本玻片放在载物台上，用弹簧夹固定玻片，调节光源使视野亮度均匀。

（3）明场观察　可先用明场观察（将聚光镜上的推拉板放至空位上），用低倍物镜找到成像，再调整至高倍物镜观察，调节细调节旋钮直到图像最清晰，并定位视场的位置，然后把物镜转出光路，在样品上滴加一滴香柏油，把油浸物镜转入光路，微调使物像清晰。

（4）相差观察　也可直接根据需要用 10×、40×或者 100×相差物镜观察。应将相衬推拉板推至 PH1、PH2 或 PH3 对应位置。

（5）照相采集图像　打开电脑进入 Windows 操作系统界面，打开并进入对应软件操作界面。根据具体软件使用说明，进行图像采集、视频录制、多自由度图片及视频添加标尺等。

注意：①事先需要将光路转换杆拉出，进入观察镜筒和进入摄像筒光的比例为 20∶80，切换成可电脑图像采集模式。②显微镜整理：观察完毕，取下载玻片，将油镜转离通光孔，油镜及时进行“三擦”处理，并将显微镜各部件复原，使之恢复存放状态。

五、结果记录

绘制酿酒酵母细胞在相差显微镜下的结构图。

六、思考题

1. 相差显微镜适用于哪种标本？
2. 相差显微镜与普通光学显微镜的主要区别在哪？使用时有哪些注意事项？

第二节　染色技术和微生物的形态观察

实验三　细菌的形态观察及简单染色

一、目的要求

1. 学习并掌握无菌操作技术。
2. 学习并掌握细菌简单染色的原理及操作步骤。
3. 掌握油镜下观察细菌个体形态的方法。

二、实验原理

细菌形态观察包括菌落形态观察（群体形态）和细胞形态观察（个体形态）两个方面，是辨认、鉴定菌种的重要依据。细菌细胞的特征可以从形态、大小和细胞间排列方式三个方面来描述，一般细菌的形态多为球状、杆状和螺旋状。在自然界中，杆状细菌最为常见，球菌次之，螺旋状则最少。细菌个体微小且透明，以大肠杆菌为例，它的细胞平均长度约2μm，宽度约0.5μm。因此必须借助染色剂对细菌进行染色，并用显微镜来观察它的个体形态和特殊结构。其中，简单染色为最基本的染色方法，利用细菌在中性环境下带负电荷的原理，采用碱性染料（如结晶紫、碱性复红、美蓝、孔雀绿、番红等）进行染色，染料离子带正电荷，与细菌蛋白结合，使细菌着上染料的颜色。这种利用单一染料对菌体进行染色的方法，称为简单染色，它操作简便，适用于菌体一般形态的观察。

三、实验材料

1. 菌种

大肠杆菌（*Escherichia coli*）、藤黄八叠球菌（*Sarcina lutea*）、枯草芽孢杆菌（*Bacillus subtilis*）培养18~24h的菌种平板培养物。

2. 溶液和试剂

草酸铵结晶紫染液，孔雀绿染液，吕氏美蓝染液，石炭酸复红，卢戈碘液，无菌生理盐水，香柏油，二甲苯等。

3. 仪器及其他材料

显微镜，载玻片，酒精灯，盖玻片，吸水纸，接种环，擦镜纸，试管架，载玻片夹子，火柴等。

四、操作步骤

（一）细菌菌落特征观察

识别大肠杆菌、藤黄八叠球菌、枯草芽孢杆菌平面培养菌落特征。

(二) 细菌的简单染色

1. 涂片

取洁净的载玻片一块，在中央部位滴加一小滴生理盐水，用接种环无菌操作挑取平板培养物或斜面培养物上的少许菌体，与无菌水混合，并涂成 $1cm^2$左右的均匀薄层。

2. 干燥

将载玻片放置在台面上自然干燥，或者将涂层朝上，快速穿过火焰，空气中停留 5~10s（触碰玻片背面，保证不烫手），再次穿过火焰，重复此操作，直至涂层干燥，菌体黏附在玻片上。要求酒精灯火焰为微火，同时全程玻片保持不烫手。干燥过程要求细致耐心，不能急于求成，防止细胞过热变形。

3. 固定

固定时通过火焰 2~3 次即可，不可过热，以载玻片不烫手为宜。固定的目的为杀死细菌，使菌体蛋白质凝固，让菌体牢固地黏附在载玻片上，水洗时不被水流冲掉，同时增加菌体与染料的结合力。

4. 染色

任选一种碱性染料，滴加染液，覆盖涂层 1~2min，水洗。

5. 水洗

倾斜载玻片，用水轻轻冲去染液，直至流水变清。要求流水要缓、小，对准菌层上方让流水缓缓流向菌层，不可直接对着涂菌层冲洗，以防菌体被冲掉。

6. 干燥

自然干燥或者用吸水纸轻轻吸去载玻片上的水，使之干燥。

7. 镜检

根据第二章第一节“实验一　普通光学显微镜的构造、使用与维护”中镜检操作流程进行镜检。

五、结果记录

1. 观察并记录三种细菌菌落特征于表 2-1 中，微距拍摄菌落作为佐证。

表 2-1　三种细菌的菌落特征记录表

菌株名称	菌落特征									
	外观形态	含水状态	大小	正面颜色	反面颜色	表面光滑度	透明度	边缘情况	气味	照片
大肠杆菌										
藤黄八叠球菌										
枯草芽孢杆菌										

2. 在制作的染色制片中，绘出或拍摄所观察的三种细菌的细胞形态，要求图像清晰、

涂层均匀，图有编号和图题，并注明菌名、显微镜放大倍数。

六、思考题

1. 为什么需要选用 16~24h 的菌体培养物进行形态观察？
2. 枯草芽孢杆菌经过染色后能观察到芽孢吗？请结合实验结果阐述理由。
3. 仔细观察视频“大家来找茬——涂片操作”，并找出操作中不规范的地方。

七、拓展资源

操作示范视频“无菌操作技术和细菌制片”“大家来找茬——涂片操作”。

无菌操作技术
和细菌制片

大家来找茬
——涂片操作

实验四　细菌的革兰染色及芽孢染色

一、目的要求

1. 学习并掌握细菌的革兰染色法，用油镜观察革兰阳性细菌和阴性细菌的形态结构。
2. 学习并掌握芽孢染色法并了解芽孢的形态特征。
3. 了解革兰染色的原理及其在细菌分类鉴定中的重要性。
4. 对未知细菌进行革兰染色鉴定。

二、基本原理

革兰染色法（Gram Stain）是细菌学中广泛使用的重要鉴别染色法，对于细菌的分类和鉴定有着重要的意义。通过革兰染色不仅能观察到细菌的形态结构，并且能将细菌分为两大类：染色反应呈蓝紫色的称为革兰阳性细菌，用G^+表示；染色反应呈红色（复染液颜色）的称为革兰阴性细菌，用G^-表示。

细菌对于革兰染色的不同反应，是由于它们细胞壁的成分和结构不同而造成的。革兰染色阳性细菌的细胞壁主要是由肽聚糖形成的网状结构组成的，在染色过程中，当用乙醇处理时，由于脱水而引起网状结构中的孔径变小，通透性降低，使结晶紫-碘复合物被保留在细胞内而不易脱色，因此，呈现蓝紫色；革兰染色阴性细菌的细胞壁中肽聚糖含量低，而脂类物质含量高，当用乙醇处理时，脂类物质溶解，细胞壁的通透性增加，使结晶紫-碘复合物易被乙醇洗脱，然后又被染上了复染液（番红）的颜色，因此呈现红色。

革兰染色需用四种不同的溶液：碱性染料初染液；媒染剂；脱色剂和复染液。碱性染料初染液的作用像在细菌的单染色法基本原理中所述的那样，而用于革兰染色的初染液一般是结晶紫。媒染剂的作用是增加染料和细胞之间的亲和性或附着力，即以某种方式帮助染料固定在细胞上，使其不易脱落，碘是常用的媒染剂。脱色剂是将被染色的细胞进行脱色，不同类型的细胞脱色反应不同，有的能被脱色，有的则不能，脱色剂常用95%的酒精。复染液也是一种碱性染料，其颜色不同于初染液，复染的目的是使被脱色的细胞染上不同于初染液的颜色，而未被脱色的细胞仍然保持初染的颜色，从而将细胞区分成G^+和G^-两大类群（图2-5），常用的复染液是番红。

芽孢是某些细菌生长到一定阶段形成的一种抗逆性很强的休眠体结构，通常为圆形或椭圆形。芽孢的有无、形状、大小、着生部位、芽孢囊是否膨大等特征是细菌分类和鉴定的重要形态学指标。与正常细胞或菌体相比，芽孢壁厚，含水量低，通透性低而不易着色，不过同时芽孢一旦着色也就很难被脱色。芽孢染色法就是利用这一特点而设计的，首先用着色能力强的染料（如孔雀绿）进行染色，并辅助加热使染料不仅可以进入菌体也可以进入芽孢，待冷却后水洗脱色时菌体中的染料被洗脱，而芽孢染上的颜色无法被洗脱；再用对比度强的染料进行染色，菌体染上复染液颜色，而芽孢仍保留初染液的颜色，这样两者就轻松地区别开来。

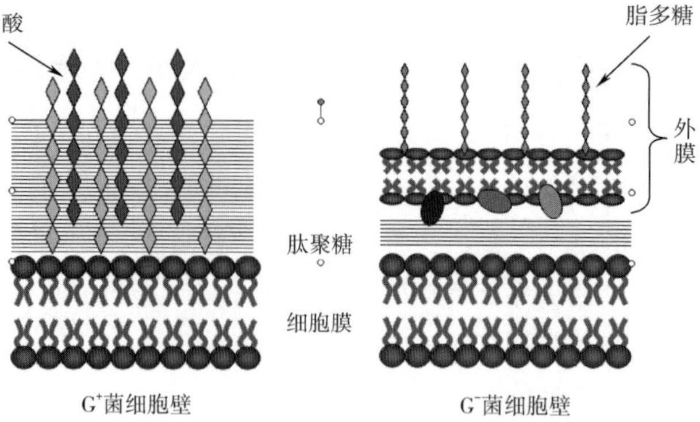

图 2-5 G⁺菌和 G⁻菌细胞壁结构示意图

三、实验材料

1. 菌种

大肠杆菌（*Escherichia coli*），藤黄八叠球菌（*Sarcina lutea*），枯草芽孢杆菌（*Bacillus subtilis*），实验分离到的未知菌。

2. 溶液和试剂

草酸铵结晶紫染液，卢戈碘液，95%酒精（即 95%乙醇溶液），番红复染液，孔雀绿染液，番红水溶液，无菌生理盐水，香柏油，二甲苯等。

3. 仪器及其他材料

显微镜，酒精灯，载玻片，盖玻片，吸水纸，接种环，擦镜纸，试管架，载玻片夹子，火柴。

四、操作步骤

（一）细菌革兰染色

1. 涂片

将培养 16~18h 的大肠杆菌和藤黄八叠球菌在同一玻片上混合涂片（注意接种量适宜，涂片要薄而均匀），干燥、固定。固定时通过火焰 1~2 次即可，不可过热，以载玻片不烫手为宜。

2. 初染

加草酸铵结晶紫少许，覆盖涂层 1~2min，水洗。

3. 媒染

滴加碘液冲去残水，并覆盖涂层约 1min，水洗。

4. 脱色

将载玻片上面的水甩净，并衬以白背景，用 95%酒精滴洗至流出酒精刚刚不出现紫色时为止，20~30s，立即用水冲净酒精。脱色时间包含酒精停留时间，故酒精不可长时间停留在涂层表面。

5. 复染

吸水纸轻轻吸干或阴干玻片上残留水分，用番红复染液覆盖 2min，水洗。

6. 镜检

干燥后，置油镜观察。

操作关键点如下所示：

（1）革兰染色的关键在于严格掌握酒精脱色程度，如脱色过度，则阳性菌可被误染为阴性菌；而脱色不够时，阴性菌可被误染为阳性菌。

（2）菌龄也影响染色结果，如阳性菌培养时间过长，或已死亡及部分菌自行溶解了，都常呈阴性反应，因此实验中需要选择活跃生长期的菌种。

（3）涂片过厚也将影响脱色结果，过厚的涂层不仅影响细菌形态结构的观察，同时会导致脱色不完全，产生假阳性结果。

大肠杆菌是微生物领域研究最常用的模式细菌，为革兰染色阴性杆菌，藤黄八叠球菌为革兰染色阳性球状细菌，经过革兰染色，分别着上红色和蓝紫色，同时由于两者具有不同个体形态，使得在显微镜下能明显辨别。

（二）细菌芽孢染色

1. 制片

取培养 1~2d 已有芽孢脱落的枯草芽孢杆菌斜面培养物，进行涂片、干燥及固定。

2. 加热染色

滴加数滴孔雀绿染色液覆盖涂菌部位，用夹子夹住载玻片微火上加热冒蒸汽并维持 5min。

3. 静置

待玻片冷却，用自来水缓慢冲洗至流出水无色。

4. 复染

0.5%番红水溶液覆盖菌层，复染 2min。

5. 水洗

自来水缓慢冲洗至流出水无色。

6. 镜检

将载玻片晾干，或者用吸水纸轻轻吸干玻片上残留水分，油镜镜检。

操作关键点如下所示：

（1）幼龄菌芽孢尚未萌发，老龄菌芽孢囊已破裂，实验中需要选用适当菌龄的枯草芽孢杆菌，以保证能同时观察到营养菌体、处于萌发状态的芽孢、脱落的芽孢三种状态。

（2）加热时切勿让染液沸腾，以免导致菌体或者芽孢囊破裂。

（3）加热时注意补充染液，切勿让涂片干涸，过热会使得细菌形态变形，染液凝固在玻片上难以冲洗，破坏镜下细菌形态图片美感，同时还有可能导致玻片骤冷破裂。在无法把握冒蒸汽时间的情况下，可适当延长加热时间，以确保染色效果。

（4）需待玻片充分冷却后再流水脱色，否则骤冷会导致玻片破裂。

五、结果记录

1. 对大肠杆菌、藤黄八叠球菌进行革兰染色，绘图记录，并分辨其革兰染色属性。如果染色结果不理想，请分析原因，并进行重新染色，直至掌握正确的革兰染色方法。

2. 对枯草芽孢杆菌进行芽孢染色，绘图记录并描述观察到几种细胞形态。如果染色结果不理想，请分析原因，并进行重新染色，直至掌握正确的芽孢染色方法。

3. 尝试对一株未知菌进行染色，鉴定其革兰染色特性以及是否有芽孢。

注意：革兰染色脱色环节易受人为操作的影响，为保证染色结果的正确性，在对未知菌进行革兰染色时，需根据具体情况选择合适的对照菌混合染色。

六、思考题

1. 你认为哪些环节会影响革兰染色结果的正确性？其中最关键的环节是什么？
2. 如果你的涂片未经热固定，将会出现什么问题？如果加热温度过高、时间太长，又会怎么样呢？
3. 革兰染色涂片为什么不能过于浓厚？其染色成败的关键一步是什么？
4. 进行革兰染色时，为什么特别强调菌龄不能太老，用老龄细菌染色会出现什么问题？
5. 当你对一株未知菌进行革兰染色时，怎样能确保你的染色技术操作正确，结果可靠？
6. 芽孢的基本结构是什么？芽孢为何具有较强的抗逆性？
7. 芽孢染色的注意事项有哪些？
8. 芽孢染色应选择哪个时期的细菌？为什么？如选用幼龄细菌染色后会出现什么问题？芽孢染色后观察，为何有时能看到大量的游离芽孢？
9. 利用简单染色法是否能观察到芽孢？还有哪些方面能够证明芽孢的存在？

七、课外拓展和资源

1. 设计染色液染色时间和乙醇脱色时间的不同配比，形成试验组图，通过图像对比进行分析比较，直观感受脱色时间对革兰染色结果的影响。

2. 视频“大家来找茬——涂片操作”中有多处不规范的地方，请一一指出。

3. “细菌的革兰染色”和“细菌的芽孢染色”（操作示范视频）。

4. 微课“普通光学显微镜的使用及细菌的革兰染色”“细菌的芽孢染色”。

大家来找茬——涂片操作

细菌的革兰染色

细菌的芽孢染色（操作示范视频）

普通光学显微镜的使用和细菌的革兰染色

细菌的芽孢染色

实验五 放线菌的形态观察

一、目的要求

1. 学习并掌握插片法和印片法观察放线菌形态的方法。
2. 掌握用显微镜观察放线菌的个体形态特征。

二、基本原理

放线菌与人类关系密切，至今报道过的抗生素近半数是由放线菌产生的。放线菌通常由分枝发达的菌丝体组成，菌丝直径为 0.2~1.2μm。主要由两部分组成，一部分长在培养基内，一般没有横隔，有固定和吸收养分的作用，称为基内菌丝或营养菌丝；当基内菌丝发育到一定阶段，即可向空中伸展形成气生菌丝。在显微镜下观察时，气生菌丝颜色较深，并且比基内菌丝粗两倍左右。

放线菌菌落小，因具有基内菌丝和气生菌丝，使得其与培养基结合较紧密，不易用接种工具挑取，因而无法像细菌、酵母菌一样用涂片法直接观察。直接观察法会破坏放线菌细胞及菌丝体形态，通常采用插片法或印片法并结合菌丝体简单染色进行观察。在插片法中放线菌菌丝体沿盖玻片和培养基交界线生长，黏附在盖玻片上，待培养成熟将盖玻片取出，上面可直接观察到自然生长状态下放线菌不同生长时期的形态特征。印片法则是用载玻片将培养成熟的培养物“印”下来，操作简便，结合染色技术可更细致观察到孢子丝的形态、孢子的排列及其形状等。

三、实验材料

1. 菌种

链霉菌（*Streptomyces* sp.）。

2. 染色剂

石炭酸复红染液或草酸铵结晶紫染液。

3. 培养基

高氏一号培养基。

4. 无菌材料

载玻片，盖玻片，滴管，培养皿等。

5. 仪器及其他材料

显微镜，培养箱，镊子，洗瓶，擦镜纸，吸水纸，二甲苯，香柏油等。

四、操作步骤

（一）放线菌的菌落观察

无菌操作用接种环从斜面或平板挑取少许灰色链霉菌，在琼脂平板上划线接种，25~

28℃，培养 5~7d。观察平板上放线菌菌苔特征及菌落表面形状、大小、颜色、边缘以及有无色素分泌到培养基内等；并用接种环挑取菌落，注意菌丝在培养基上着生的紧密情况。

（二）放线菌的形态观察——插片法

1. 倒平板

取熔化并冷却至大约 50℃的高氏一号培养基，无菌操作倒平板一副（具体可见第二章第四节实验十六“微生物的无菌接种技术”），15~20mL。

2. 接种

无菌操作用接种环从放线菌试管斜面上挑取孢子，在培养基与盖玻片之间做“Z”字形密集划线。

3. 插片

无菌操作，用镊子取无菌盖玻片，在接种线位置以 45°角斜插入培养基，插入深度约占盖玻片一半长度。也可先插片后接种，即插完片后在交界线上接种。

4. 培养

将培养基平板倒置于 28℃培养箱中，培养 3~5d。

5. 镜检

用镊子小心取出盖玻片，用纸擦去背面培养物，有菌面朝上放在载玻片上，通过显微镜直接使用低倍镜和高倍镜镜检观察。

注意：观察时宜用略暗光线；先用低倍镜找到适当视野，再换高倍镜观察。如果用 0.1% 美蓝对培养后的盖玻片进行染色后观察，效果会更好。观察时注意有菌面朝上。

（三）放线菌的形态观察——印片法

1. 倒平板

无菌操作倒高氏一号培养基平板一副，操作同上。

2. 接种

无菌操作，用接种环挑取菌种培养物（孢子）在高氏一号琼脂平板上划线接种。

3. 培养

将平板倒置，28℃培养 3~7d。

4. 印片

用接种铲或解剖刀将平板上的菌苔连同培养基切下一小块，菌面朝上将其放置在一片载玻片上；另取一块洁净的载玻片至火焰上微热，盖在菌苔上，轻轻按压，使培养物黏附（“印”）在后一块载玻片的中央。

5. 染色

用石炭酸复红覆盖印迹，染色约 1min 后水洗。

6. 镜检

用油镜观察孢子丝形态特征。

注意：印片过程中，用力要轻，不要错动，染色水洗时水流要缓，以免破坏孢子丝形态。

五、结果记录

识别链霉菌平面培养菌落特征。并绘图描述两种方法各自观察到的放线菌个体形态特征，重点突出基内菌丝、气生菌丝、孢子丝、孢子的排列等形态特征。

六、思考题

1. 插片法和印片法用于观察放线菌各有何优缺点？
2. 可否用插片法培养与观察其他微生物，应在哪些方面进行改进，为什么？

七、拓展资源

1. 微课“放线菌的形态观察”。

2. 操作示范视频“放线菌的插片法制作”“放线菌的印片法制作”“微生物的无菌操作——无菌倒琼脂平板”。

放线菌的形态观察　　放线菌的插片法制作　　放线菌的印片法制作　　微生物的无菌操作——无菌倒琼脂平板

实验六　霉菌的载玻片培养和形态观察

一、目的要求

1. 学会载玻片培养法培养霉菌。
2. 学习并掌握霉菌的直接观察法，以及载玻片培养法观察霉菌的个体形态特征。

二、基本原理

霉菌菌丝体由营养菌丝、气生菌丝和繁殖菌丝组成，其菌丝比细菌及放线菌粗几倍到几十倍。可以采用直接制片和透明胶带法观察，也可以采用载玻片培养观察法。

载玻片培养法是研究丝状真菌生长繁殖全过程的有效方法，即将菌丝体接种在载玻片上的小块培养基薄片上，加盖盖玻片，使丝状真菌只能在载玻片和盖玻片的狭窄空间内横向生长，因而可观察到孢子萌发、菌丝生长及孢子形成的各生长阶段，且不会因观察而污染标本片。

霉菌观察还可以利用乳酸石炭酸棉蓝染液进行染色，盖上盖玻片后制成霉菌制片镜检。石炭酸可以杀死菌体及孢子并可以防腐，乳酸可以保持菌体不变形，棉蓝使菌体着色。同时，这种霉菌制片不易干燥，能防止孢子飞散，用树胶封固后可制成永久标本长期保存。

三、实验材料

1. 菌种

黑根霉（*Rhizopus stolonifer*），青霉（*Penicillium* sp.），黑曲霉（*Aspergillus niger*）。

2. 染色剂

乳酸石炭酸棉蓝染液。

3. 培养基

察氏培养基或马铃薯葡萄糖琼脂培养基。

4. 仪器及其它材料

显微镜，培养箱，培养小室，载玻片，盖玻片，滴管，培养皿，镊子，玻棒，20%无菌甘油，洗瓶，擦镜纸，吸水纸，二甲苯，香柏油及接种用具等。

四、操作步骤

（一）直接观察法

滴一滴乳酸石炭酸棉蓝染液于载玻片上，用镊子从培养的黑根霉平板培养物中夹取菌丝，放入50%乙醇中洗去脱落的孢子，然后置于染液中，用解剖针小心将菌丝分开，去掉培养基，盖上盖玻片，用低倍镜和高倍镜镜检，仔细观察黑根霉的形态和构造。简单的形态观察用生理盐水代替染液，也可以达到不错的观察效果。

注意：直接观察法中制水压片时需要避免产生气泡。

（二）载玻片培养法观察菌体形态结构

1. 培养小室准备及灭菌

在培养皿底放一个U形玻璃棒，在U形玻璃棒上放一块载玻片，盖上皿盖，包扎后于121℃灭菌20min，烘干备用。

2. 琼脂块制备

取已灭菌的马铃薯琼脂（或察氏琼脂）培养基6~7mL注入另一灭菌平皿中，使之凝固成薄层。用解剖刀切成0.5~1cm^{2}的琼脂块，并将其移至上述培养室中的载玻片上（每片放两块）。也可以直接用无菌滴管吸取熔化的马铃薯葡萄糖琼脂培养基，滴加在培养小室的载玻片上，形状应圆整扁薄，直径约0.5cm。

3. 接种

通过无菌操作，用接种针或接种环从霉菌平板（黑曲霉、青霉）培养物中挑取少量的孢子，接种于培养小室载玻片上的琼脂块边缘上。

4. 加盖玻片

用镊子无菌操作将无菌盖玻片覆盖在琼脂块上，轻压勿留气泡，使盖玻片与载玻片间留下约0.25cm高度，切勿压扁。

5. 培养

在培养小室中加3~5mL的20%无菌甘油，盖上皿盖，于28℃培养箱中培养3~5d。

6. 镜检

从培养小室中取出载玻片标本，用吸水纸将载玻片背面擦干净后，置于显微镜载物台上，菌面朝上。低倍镜和高倍镜下仔细观察霉菌标本中的营养菌丝、气生菌丝和产孢子结构的形态构造。观察时，先用低倍镜沿着琼脂块边缘观察霉菌的生长情况，并寻找合适的观察区域，然后转换至高倍镜进行仔细观察并绘图描述有关构造。

五、实验内容

1. 观察黑根霉、青霉、黑曲霉平板中的霉菌菌落，描述其菌落特征，包括菌落形态大小，菌丝的高矮，生长密度，孢子颜色和菌落表面状况等。

表2-2　黑根霉、青霉、黑曲霉平板中的菌落特征

菌株名称	菌落特征									
	外观形态	含水状态	生长密度	菌丝高矮	边缘颜色	中心颜色	正面颜色	反面颜色	菌落与培养基的结合程度	照片
黑根霉										
青霉										
黑曲霉										

2. 绘制或拍摄黑根霉、青霉、黑曲霉的形态结构图（营养菌丝，气生菌丝，孢子结构），并说明其结构特征。

六、思考题

1. 哪些微生物适合于采用载玻片培养后再进行观察？
2. 比较实验中两种真菌形态观察方法——直接观察法和载玻片培养法的优缺点，你认为哪种方法更好？
3. 分析黑根霉、青霉和黑曲霉的个体形态特征对菌落形态特征的影响。

七、拓展资源

微课“霉菌的形态观察”，操作示范视频“霉菌的直接制片观察法”和“载玻片培养小室的制作”。

霉菌的形态观察　　霉菌的直接制片观察法　　载玻片培养小室的制作

实验七　酵母菌的形态观察

一、目的要求

1. 进一步熟悉和掌握显微镜的操作方法。
2. 观察酵母菌的菌落特征、个体形态，掌握其观察方法。
3. 学习用压滴法制作标本。
4. 学习酵母菌死、活细胞的观察方法。

二、基本原理

酵母菌属单细胞的真核微生物，酵母菌细胞宽度（直径）2~6μm，长度5~30μm，有的则更长，个体形态有球状、卵圆、椭圆、柱状和香肠状等。大多数酵母菌的菌落特征与细菌相似，由于其细胞比细菌要大数倍至十几倍，不能运动，故大多数酵母菌在平板培养基上形成比细菌大而厚的菌落。菌落一般为圆形，表面光滑、湿润、黏稠，大而凸起，易挑取，挑取后琼脂表面不留痕迹。菌落质地均匀，正反面和边缘、中央部位的颜色都很均一，颜色多为乳脂或矿烛色，少数为红色，偶尔有黑色。

酵母细胞比较大，使用压滴法（水浸片法）即可在40×物镜下获得良好观察效果，方法操作简便。也可使用美蓝染液染色后再制作水浸片，同时还可以对死、活酵母菌细胞进行辨别。活细胞新陈代谢，具有较强的还原能力，能使美蓝染液从蓝色还原为无色，而死细胞或者代谢缓慢的老细胞，无还原能力，使美蓝染液处于氧化态，从而被染成蓝色或淡蓝色。

三、实验材料

1. 菌种

酿酒酵母（*Saccharomyces cerevisiae*）。

2. 染色剂

0.1%吕氏美蓝染色液。

3. 培养基

麦芽汁培养基或YPD培养基。

4. 仪器与其他材料

显微镜，载玻片，盖玻片，擦镜纸，镊子等。

四、操作步骤

（一）菌落形态观察

仔细观察酿酒酵母菌平板培养基上的单菌落，记述它的菌落特征。

（二）个体形态和死、活细胞的观察

1. 制片

取干净载玻片，在中间滴 1 滴 0.1% 吕氏美蓝染色液，无菌操作挑取少许酿酒酵母菌，在染液中涂匀，然后用镊子夹取一块盖玻片，一侧与菌液接触，缓慢倾斜覆盖在染液上，勿产生气泡。

2. 镜检

用低倍镜、高倍镜观察酿酒酵母菌的细胞形态及生殖方式，并根据细胞颜色区分死、活细胞，绘图或取景拍照。

五、结果记录

1. 绘图说明或拍摄你所观察到的酵母菌的细胞形态特征。
2. 记录酵母菌的菌落特征。
3. 记录酵母菌死、活细胞观察结果。

六、思考题

1. 请准确描述酵母菌菌落和细菌菌落特征的区别。
2. 结合实验九“微生物的直接计数”，思考如何计量酵母菌悬液中死、活细胞数量？

七、拓展资源

微课“酵母菌的形态观察和大小测定”。

酵母菌的形态
观察和大小测定

实验八　微生物的大小测定

一、目的要求

1. 了解测微技术，了解镜台测微尺和目镜测微尺的构造。
2. 掌握微生物细胞大小测定的原理与方法。

二、基本原理

微生物细胞大小，是微生物的形态特征之一，也是分类鉴定的依据之一。由于菌体很小，只能在显微镜下测量。用来测量微生物细胞大小的工具有目镜测微尺和镜台测微尺（图 2-6）。镜台测微尺是中央部分刻有精确等分线的载玻片，一般将 1mm 等分为 100 格（或 2mm 等分为 200 格），每格长度等于 10μm（1DIV = 0. 01mm，1DIV 即 1 格）。目镜测微尺是一块可放在接目镜内的隔板上的圆形小玻片，其中央刻有精确的刻度，有等分 50 小格或 100 小格两种，每 5 小格间有一长线相隔。

由于所用不同目镜和物镜放大倍数不一样，目镜测微尺每小格所代表的实际长度也就不同，因此，目镜测微尺不能直接用来测量微生物的大小，在使用前必须用镜台测微尺进行校正，以求得某显微镜在某一个放大倍数的目镜和物镜下该目镜测微尺一格的长度，再用这已知长度的目镜测微尺来测量微生物的大小。

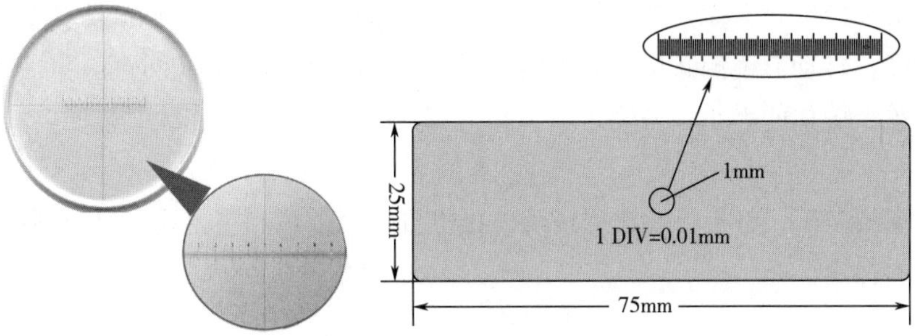

图 2-6　目镜测微尺（左）和镜台测微尺（右）

三、实验材料

1. 菌种

酿酒酵母（*Saccharomyces cerevisiae*）。

2. 仪器与其他材料

显微镜，目镜测微尺，镜台测微尺，血球计数板，擦镜纸，香柏油等。

四、操作步骤

1. 目镜测微尺的标定

（1）放置目镜测微尺　取出接目镜，旋开接目镜透镜，将目镜测微尺的刻度朝下放在接目镜筒内的隔板上，然后旋上接目透镜，再将此接目镜插入镜筒内。

（2）放置镜台测微尺　将镜台测微尺置于显微镜的载物台上，使刻度面朝上。

（3）校正　先用低倍镜观察，对准焦距，当看清镜台测微尺后，转动接目镜，使目镜测微尺的刻度与镜台测微尺的刻度平行，移动推动器，使目镜测微尺和镜台测微尺的某一区间的两对刻度线完全重合，然后数出两对重合线之间各自所占的格数。

注意：观察时光线不宜过强，否则难以找到镜台测微尺的刻度；换高倍镜和油镜校正时，务必小心，以防压坏测微尺和损伤镜头；高倍镜下镜台测微尺刻度线比较粗，校正时使测微尺刻度线左边或者右边完全重合，再找寻同样左边或右边完全重合的线。

（4）计算求得目镜测微尺每格长度

通过以下公式换算出目镜测微尺每小格所代表的实际长度：

目镜测微尺每格长度（μm）= 两重合线间镜台测微尺格数×10/两重合线间目镜测微尺格数。

（5）同法校正其他物镜下目镜测微尺每格所代表的长度

注意：校正目镜测微尺必须针对特定的显微镜和附件（特定的接物镜、接目镜、镜筒长度等）进行，而且只能在这特定的情况下才可重复使用。

2. 菌体大小的测定

目镜测微尺校正后，移去镜台测微尺，换上酵母菌染色玻片标本（或水浸片），调整焦距使菌体清晰，转动目镜测微尺，分别测出酵母菌的长和宽各占几小格，再根据对应校正值换算出此单个菌体的大小，需测定10~20个菌体。

3. 归位

取出目镜测微尺，将接目镜放回镜筒，再将目镜测微尺和镜台测微尺分别用擦镜纸擦拭后，放回盒内保存。

五、结果记录

1. 对目镜测微尺进行标定，并记录不同物镜的校正结果于表2-3中。

表2-3　目镜测微尺校正结果

物镜	物镜倍数	目镜测微尺格数	物镜测微尺格数	目镜测微尺每格长度/μm
低倍镜				
高倍镜				
油镜				

2. 将酵母菌大小的测量结果记录入表2-4中。

表 2-4　酵母菌细胞大小的测量结果

酵母菌	目镜测微尺每格所代表的长度/μm	宽		长		菌体大小
		目镜测微尺格数	宽度/μm	目镜测微尺格数	长度/μm	
1						
2						
…						

六、思考题

1. 为什么目镜测微尺必须用镜台测微尺校正？
2. 当接目镜不变，目镜测微尺也不变，只改变接物镜，目镜测微尺每格所量的镜台上物体的实际长度是否相同？为什么？

七、拓展资源

微课“酵母菌的形态观察和大小测定”。

酵母菌的形态
观察和大小测定

实验九　微生物的直接计数

一、目的要求

1. 了解血球计数板的构造。
2. 掌握血球计数板直接计数的原理与方法。

二、基本原理

利用血球计数板在显微镜下直接计数，是一种常用的微生物计数方法，此法直观、快速。将经过适当稀释的菌悬液（或孢子悬液）放在血球计数板载玻片与盖玻片之间的计数室中，在显微镜下进行计数。由于计数室的容积是一定的（0.1mm^2），所以可以根据在显微镜下观察到的微生物数目来换算成单位体积内的微生物总数目。由于此法计得的是活菌体和死菌体的总和，故又称为总菌计数法，主要用于酵母菌和霉菌孢子的计数，如果需要对细菌进行计数，需要用到霍瑟（Peroff Hausser）细菌计数板，二者原理和部件相同，只是厚薄不同。

血球计数板（图 2-7），通常是一块特制的载玻片，其上由四条槽构成三个平台。中间的平台又被一短横槽隔成两半，每一边的平台上各刻有一个方格网，每个方格网共分为九个大方格，中间的大方格即为计数室，微生物的计数就在计数室中进行。计数室的刻度一般有两种规格，一种是一个大方格分成 16 个中方格，而每个中方格又分成 25 个小方格；另一种是一个大方格分成 25 个中方格，而每个中方格又分成 16 个小方格（图 2-8）。但无论是哪种规格的计数板，每一个大方格中的小方格数都是相同的，即 16×25＝400 小方格。

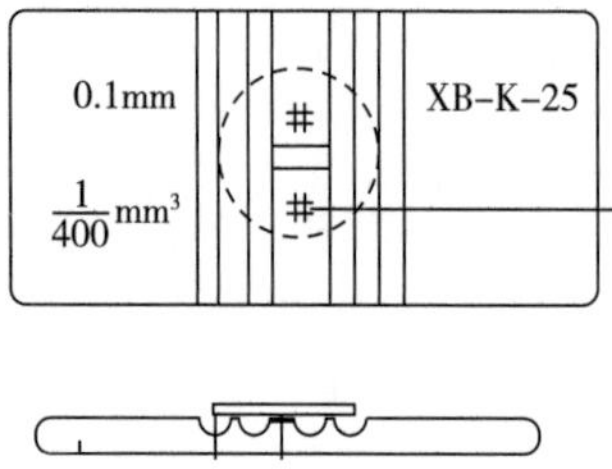

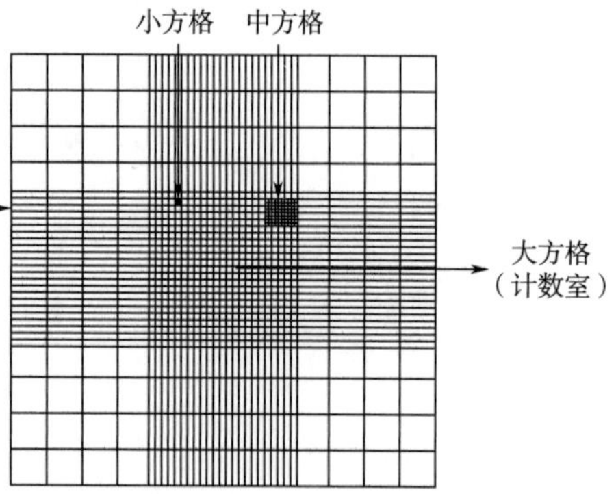

图 2-7　血球计数板构造　　　　图 2-8　计数网的分区和分格

上：俯视图（中间平台分为两半，各刻有一个方格网）

下：侧面图（中间平台与盖玻片之间有高度 0.1mm 的间隙）

每一个大方格边长为 1mm，则每一个大方格的面积为 1mm^2，盖上盖玻片后，载玻片与盖玻片之间的高度为 0.1mm，所以计数室的容积为 0.1mm^3（10^{-4}mL）。

在计数时，通常数五个中方格的总菌数，最后求得每个中方格的平均值，再乘上 16 或 25，就得出一个大方格中的总菌数，最后再换算成 1mL 菌液中的总菌数。下面以一个大方格有 25 个中方格的计数板为例进行计算：设五个中方格中总菌数为 A，菌液稀释倍数为 B，则：1mL 菌液中的总菌落数 $=A\times25\times10^4\times B/5$。

三、实验材料

1. 菌种

酿酒酵母（*Saccharomyces cerevisiae*）。

2. 仪器与其他材料

显微镜，目镜测微尺，镜台测微尺，血球计数板，血盖片，香柏油等。

四、操作步骤

1. 制备酵母菌悬液

取培养 48h 的酿酒酵母菌 1 支，用 10mL 生理盐水将斜面菌苔完全洗下，倒入空白无菌试管中，用混合器将细胞充分打散，再经过适当稀释（稀释至每个小格平均 5~10 个细胞为宜）作为计数样品。

2. 血球计数板准备

取清洁无油的血球计数板，切勿用硬刷子去刷洗血球计数板，以防计数室被磨损。

3. 加菌液

在计数室上放上血盖片（重量、长度和宽度均大于普通盖玻片），取酵母菌悬液，摇匀后用滴管吸取从血盖片边缘滴几小滴，使菌液自行渗入计数室内，切勿有气泡截留在计数室内。静置 5min。

注意：加好后需要用镊子轻碰血盖片，以免因菌液过多而导致血盖片浮起，从而影响计量精确度。

4. 计数

先用低倍镜观察，寻找到大方格并将计数室移至视野中央；转用高倍镜，微调焦距和位置，观察到中格，并计数。中格和中格之间有双线分割，易于分辨，随机计数五个中格的平均值，然后求得每个中格的平均值。通常选取 25 个中格计数室的四个角和中央这五个中格。为提高精确度，上下计数室的数量均需计取。

注意：压在方格线上的菌体，以压在底线和右侧线上的菌体计入本格内；遇到有芽体的酵母时，若芽体和母体同等大，就按单个酵母计数。

5. 清洗归置

计数完毕后，血球计数板和血盖片要立即清洗干净，晾干或用擦镜纸擦干，放入计数板盒中。

五、结果记录

将显微计数结果记录于表 2-5 中（A 表示五个中方格中的总菌数；B 表示菌液稀释倍数）。

表 2-5　显微计数结果

	各中格中菌数					A	B	两室平均数	菌数/mL
	1	2	3	4	5				
第一室									
第二室									

六、思考题

1. 结合你的实验体会，总结哪些因素会造成血球计数板的技术误差，应如何避免？
2. 为什么计数室内不能有气泡？请分析气泡产生的可能原因。
3. 加酵母菌液后，为何需要用镊子轻碰血盖片？如果忽略了此操作，计数有何偏差？
4. 是否可以用血球计数板对细菌进行计数？为什么？

七、拓展设计题和拓展资源

1. 如何用血球计数板计量酿酒酵母菌悬液中死、活菌体数？
2. 微课“微生物的直接计数”。

微生物的直接计数

实验十　活性污泥及其生物相的观察

一、目的要求

1. 学习并掌握用显微镜直接观察和辨认活性污泥菌胶团和原生动物。
2. 学习如何根据菌胶团的形态、结构，判别污泥的性状。

二、基本原理

活性污泥的生物相较为复杂，它是由细菌、菌胶团、原生动物、微型后生动物等微生物群体及吸附的污水中有机和无机物质组成的，有一定活力的、具有良好的净化污水功能的絮绒状污泥。

其中，由细菌互相絮凝聚集而成的菌胶团块是污水处理系统中生物处理的主力军，能吸附和氧化分解有机物，为原生动物和后生动物提供良好的生存环境，比如可作为食料、去除毒物，为其提供附着场所。同时，通过菌胶团的颜色、透明度、数量、颗粒大小及结构的松紧程度还可衡量好氧活性污泥的性能。新生菌胶团颜色浅、无色透明、结构紧密，则说明菌胶团生命力旺盛，吸附和氧化能力强，再生能力强。老化的菌胶团，颜色深，结构松散，活性不强，吸附和氧化能力差。

活性污泥中原生动物以游离细菌为主要的摄食对象，不同的原生动物种类对环境条件质量的要求不同，故在种类、数量、丰度上将随混合液中细菌的状态和水质的逐步改善而改变。由于原生动物比细菌大，在低倍显微镜下即可以观察到，因此，原生动物可作为活性污泥反应系统中的指示性微生物，判定活性污泥的状态以及处理水质的优与劣。

轮虫是活性污泥中最常见的后生动物，在正常活性污泥中轮虫种类和个体数量都很少，一般出现在水质良好的情况下。但是活性污泥中出现大量轮虫则说明活性污泥呈现轻度污泥老化。

活性污泥反应系统启动初期，混合液水质欠佳，水中有机物浓度高，活性污泥和菌胶团尚未得到良好的培育，混合液中的细菌多呈游离状态，此时最初出现的原生动物为肉足虫类，如变形虫等（变形虫等原生动物可以用来作为判定水质污染程度的指标动物）。继而出现鞭毛虫，随后随着水质变化，依次会出现不同种类的纤毛虫。当水质指标良好且稳定时，会出现轮虫等微型后生动物。因此，当纤毛虫类中的钟虫出现时，代表了污泥培养成熟，出现轮虫则指示水质指标良好。

虽然活性污泥中微生物种类很多，但还是能通过显微镜的镜检，观察活性污泥的生物相，辨别认定其种类、形态、数量和运动状态的变化来掌握活性污泥的状态，据此可初步判断处理水水质的优劣和活性污泥的质量。

三、实验材料

1. 观察材料

采集污水处理厂的好氧活性污泥。

2. 仪器与其他材料

显微镜，擦镜纸，盖玻片，滴管等。

四、操作步骤

1. 取样

取污水处理厂活性污泥曝气池混合液适量，可根据活性污泥的浓浊度进行适当调整，污泥较少则沉淀后取用或浓缩后取用，污泥较多则加蒸馏水稀释后使用。

2. 水浸片制作

用滴管吸取准备好的活性污泥混合液一小滴，放在洁净的载玻片中央，用镊子夹取一块盖玻片，盖上盖玻片制成活性污泥标本。注意要先使盖玻片的一边接触水滴，再缓慢放下，切勿形成气泡。

3. 低倍镜镜检

先用低倍镜观察生物相全貌，观察污泥絮粒的大小，污泥结构的松紧程度，记录（文字描述、图片等形式）菌胶团和丝状菌的比例及其生长状况，微型动物的种类、活动状况，对主要种类进行记录。

4. 高倍镜镜检

再用高倍镜进一步观察微型动物的结构特征，包括微型动物的外形和内部结构；观察菌胶团胶质的厚薄和色泽，新生菌胶团出现的比例；观察丝状菌时，注意菌体内是否有类脂物质和硫粒积累，以及丝状菌生长，丝体内细胞的排列，形态和运动特征，以便判断丝状菌的种类。

五、结果记录

1. 图文结合记录观察所取污泥的絮体大小、形状、紧密度，以及丝状菌的情况，完成表 2-6 和表 2-7 的记录。

表 2-6 活性污泥全貌

絮体大小	形状	紧密度	菌胶团和丝状菌		活性污泥图示
			比例	生长状况	

表 2-7 活性污泥中的丝状菌观察记录

丝状菌种类	形态特征	细胞排列	运动特征	丝状菌形态图

2. 记录并绘制所观察到的微型动物形态，完成表 2-8 的记录。

表 2-8　活性污泥中的微型动物观察记录

微型动物种类	活动状况	外部形态	内部结构	微型动物形态图
原生动物				
后生动物				

3. 根据实验观察情况，试对污水厂活性污泥质量及运行情况做初步评价。

六、思考题

1. 如何根据活性污泥中观察到的生物，判断处理水水质的优劣和活性污泥的质量？
2. 运行正常的污水处理设施的活性污泥具有什么样的生物相特征？

七、拓展资源

微课“活性污泥中的生物相”；“活性污泥微生物镜检图册”文档。

活性污泥中的生物相　　活性污泥微生物镜检图册

实验十一　藻类的形态观察

一、目的要求

1. 了解藻类在自然界的分布。
2. 学习藻类的制片与观察方法，并区别几种常见的藻类形态。

二、基本原理

除原核单细胞的蓝藻（蓝细菌）外，自然界存在的藻类基本为真核单细胞或多细胞。藻类大小和结构上差异很大，有形态小的，也有形态大的，形态小的种类要用光学显微镜才能观察清楚。藻类为水生生物，广泛存在于各种水域和湿润土壤表面，比如水库、池塘、积水坑及潮湿的岩石、树皮、墙壁。藻类的主要分类依据是色素体构造，淀粉核有无及位置，游动孢子的鞭毛、眼点、收缩孢有无等。这些属性对有些藻类则出现在不同生育阶段，故显微镜下观察自然采样中的藻类，较难辨认。准确识别藻类需用纯培养体并观察其全生育期的细胞构造及发育变化过程。藻类的形态研究对分类、系统学和生态学等领域有重要意义。需要注意的是，藻类的形态会受到环境条件（光照、水温、营养物质）的影响，故此在不同环境中，同一藻类可能会表现出不同的形态特征。

以下对衣藻和小球藻进行简单介绍。

衣藻是单细胞生物，球形或卵形，具稍尖的前端，前端生有两根等长的鞭毛，能游动。以美蓝染色或碘液处理时，鞭毛明显可见。位于细胞前端附近有一个红色眼点，眼点旁有一伸缩泡。细胞后端有杯形叶绿体，其内有淀粉核，遇碘液呈蓝紫色。细胞核位于叶绿体旁侧的细胞中心处。

小球藻也是一种单细胞绿藻，球形，常以 2~4 个同形细胞联成群体，相邻细胞接触处有凹陷，叶绿体杯状，具淀粉核，遇碘液呈蓝色。

三、实验材料

1. 观察样本

藻类样品，或采集自然界各种水域样品。

2. 试剂和器材

卢戈碘液，载玻片，盖玻片，解剖针，滴管，显微镜，吸水纸。

四、实验步骤

1. 制片

用滴管吸取水样，置洁净载玻片中央，滴加 1 滴碘液，盖上盖玻片，勿使之产生气泡，用吸水纸吸去盖玻片周围多余的水分。

2. 镜检

在低倍镜、高倍镜下进行观察，识别检样中出现的藻类。必要时，按藻类分门检索表查对识别。

五、结果记录

拍摄或绘出所观察到的藻类细胞形态构造图，并注明各部位的名称。

六、思考题

藻类细胞结构的特征是什么？它们在自然界中有何作用？

实验十二　原生动物的形态观察

一、目的要求

1. 了解原生动物生存的环境。
2. 学习原生动物的培养与制片方法，并观察其形态与构造。

二、基本原理

原生动物属真核单细胞生物，形态多样，大小差异悬殊，无细胞壁，质膜裸露，但有一定形状。在自然环境中，它们以细菌为食，故多见于土壤、污泥、污水和淡水中。常见代表有鞭毛虫纲的眼虫、纤毛虫纲的草履虫、肉足虫纲的变形虫。自水沟、水库、池塘、鱼缸及污泥、肥土处采样，可看到不同的种类。用土壤浸出液进行培养，也能获得有关的种类。在显微镜下观察，如果能观察到像倒转的草鞋一样游动很快的小虫，这可能就是草履虫；如果看到一个绿色、纺锤形的小虫活泼地在水里游动，那可能就是眼虫；变形虫则没有固定性状，会不断改变形状，高倍镜下可见伪足和伸缩泡。

三、实验材料

1. 观察样本

采集污泥、污水、淡水样数种。

2. 试剂和菌种

肥土土壤悬浊液（10^{-1}），50g/L 羧甲基纤维素液，荧光假单胞菌（*Pseudomonas fluorescens*）、变形杆菌（*Proteus* sp.）的菌悬液。

3. 培养基

土壤浸汁营养液：1 份菜园土+2 份水混匀，静置，取上清液。

土壤浸汁琼脂培养基（每支 15mL）：肥土 500g 加自来水 1000mL，煮沸 1h 过滤。滤液中加 1.8%琼脂，121℃灭菌 20min。

甘露醇土壤液琼脂培养基：甘露醇 5.0g，K_2HPO_4 1.0g，天冬氨酸 0.1g，土壤浸提液 500mL，水 500mL，琼脂 18g，121℃灭菌 20min。

4. 器材

培养皿，1mL 移液管，250mL 锥形瓶，载玻片，盖玻片，接种环等。

四、实验步骤

1. 原生动物的培养

方法一：取土壤浸汁营养液 100mL，放入 250mL 锥形瓶中，用 1mL 移液管吸取无芽孢杆菌（荧光假单胞菌、变形杆菌）的菌悬液各 1～2mL 于锥形瓶中，再加入肥土或污泥一匀，摇匀后，于28℃下培养2~3周后，检查原生动物增殖情况。

方法二：取熔化并保温在50℃水浴中的土壤浸汁琼脂培养基1支，倒入培养皿中使其冷凝成平板。用移液管吸取土壤悬浊液2mL接种至平板上，旋转平板使悬浊液均匀分布于其上，置于28℃下培养5~10d后，检查原生动物增殖情况。

方法三：取熔化并保温在50℃水浴中的甘露醇土壤液琼脂培养基1支，倒入培养皿中使其冷凝成平板。于中央处加少许肥土和水，置于28℃下培养5~10d，检查原生动物增殖情况。

2. 制片

取干净载玻片数张，于中央各滴一小滴羧甲基纤维素液，用接种环分别取各种需要观察的试样1~2环，混于载玻片的液滴中，盖上盖玻片，勿使液滴产生气泡。

3. 镜检

在低倍镜下观察原生动物的形态与构造特征，注意识别不同的种类。

五、结果记录

拍摄或绘出镜检的原生动物形态图，并判断其种类，并注明各部位的名称。

六、思考题

1. 原生动物培养中，为何要加入细菌悬液？
2. 为何不同的试样，原生动物的优势类群不同？

第三节 培养基的制备与无菌器皿的准备

实验十三 培养基的配制与灭菌

一、目的要求

1. 了解培养基的种类和配制原理。
2. 掌握微生物实验通用培养基的配制方法和步骤。

二、基本原理

培养基是按照微生物生长繁殖或积累代谢产物所需的各种培养物，用人工方法配制而成的营养基质。由于各类微生物对营养的要求不尽相同，营养条件千差万别，所以人工培养基的种类繁多，但营养要素总不外乎水、碳源、氮源、能源、无机盐和生长因子这六大类。

培养细菌常用肉汤蛋白胨培养基；培养放线菌常用淀粉培养基（高氏一号）；培养真菌常用麦芽汁或马铃薯培养基。如在某些培养基中加入某种化学物质以抑制一些杂菌的生长，而促进某些菌的生长，这被称为选择性培养基。这种培养基适用于从土壤中或混有多种微生物的样品中分离所需要的微生物。根据培养基的物理性质来分，又可分为液体、固体、半固体培养基。可根据不同的目的配制不同性状的培养基，固体培养基一般在液体培养基基础上加入1.5%~2%的琼脂，半固体培养基则是加入0.3%~0.5%的琼脂。

培养基除了满足微生物所必需的营养物之外，各类微生物还要求有一定的酸碱度和渗透压，霉菌和酵母菌的pH要求偏酸，细菌、放线菌的pH一般为中性或微碱性，所以在培养基配制时，都要将培养基的pH调节到所需的范围。

三、实验材料

1. 材料

牛肉膏，蛋白胨，NaCl，琼脂，可溶性淀粉，K_2HPO_4，$MgSO_4$，KNO_3，$FeSO_4$，马铃薯，蔗糖，10% NaOH，10% HCl等。

2. 仪器及其他材料

高压蒸汽灭菌器，电子天平，电磁炉，试管，锥形瓶，烧杯，漏斗，量筒，纱布，硅胶塞或棉花塞，牛皮纸，棉绳，玻璃棒，pH精密试纸等。

四、操作步骤

1. 称量

按照培养基的配方依次准确称量。

注意：药品称量时，一把药匙对应一种药品，严防药品混杂，瓶盖不要盖错；蛋白胨容易吸潮，称取时动作迅速，及时盖上瓶盖；牛肉膏用玻璃棒挑取，放在称量纸上，称量后直接放入水中，稍微加热，即可分离再取出称量纸，不可放置太久，更不可搅拌导致称量纸破碎。

2. 溶解与熔化

在容器内先盛少量水，按培养基成分顺序将各成分放入容器内分别加热溶解，然后补至所需水量（如配方中含有淀粉，需要先用少量冷水调成浆状才能倒进热水中）。如果配制固体培养基如固体斜面，将琼脂以 1.5%~2%的量加入培养基中，加热煮沸。在配制大容量琼脂培养基时，可以在培养基配制完毕后，再将琼脂按比例加入盛放容器中，用高压蒸汽灭菌锅的高温高压来熔化琼脂，灭完菌取出后摇匀即可。

注意：在配制培养基时，为防止发生沉淀，除水分外，应按配方中成分顺序依次加入溶解；在熔化过程中必须经常搅拌，避免烧焦或外溢；溶解熔化完毕后需补足因加热而蒸发的水分。

3. 调 pH

配合 pH 试纸或酸度计的使用，用 1mol/L NaOH 或 1mol/L HCl 调节 pH。

注意：pH 不要调过头，以免回调而影响培养基内各离子的浓度；熔化后需等待温度下降至 60℃左右调节 pH，一般在温度较高的情况下培养基 pH 略偏高 0.1~0.2。

4. 过滤

液体培养基用滤纸过滤，固体培养基用纱布趁热过滤。一般无特殊要求的情况下，这一步可以省略。

5. 分装

按实验要求，可将配制的培养基分装入试管或者锥形瓶内。

固体培养基分装一般有两种形式，一种配制在锥形瓶中，大多为 250mL 锥形瓶装 100mL 培养基，使用时放置在微波炉中加热熔化可以倒在培养皿内使用，用于菌种分离和微生物特性的研究。另一种为斜面培养基，需要在琼脂凝固之前分装于试管中，灭完菌后凝固成斜面即可，可接入菌种面小，但培养基厚度增大，营养丰富，时间长些也不易干燥开裂，主要用于菌种保藏。

少量试管分装可用滴管吸取分装，大量试管分装可使用分装泵定量分装，也可用漏斗做一个简易装置进行分装。需要注意的是，培养基不得玷污上段管壁，尤其要避免污染管口或瓶口，以免沾湿棉塞，引起杂菌污染。液体分装高度以试管高度的四分之一左右为宜，固体分装高度为管高的五分之一为宜，半固体分装高度为管高的三分之一为宜，分装锥形瓶的容量以不超过锥形瓶一半为宜。

6. 加塞与包扎

所有装好培养基的试管及锥形瓶，在进行灭菌前都应加上棉塞，这样在微生物培养时达到通气的效果，同时又可以过滤空气，避免污染。做棉塞的材料以非脱脂的棉花为好，避免吸水变潮。棉塞要松紧合适，紧贴管壁不留缝隙，以防空气中杂菌沿缝隙侵入容器。可以在棉塞外面包一层医用纱布，用棉线将开口端扎牢，这样做出的棉塞规整美观，方便多次使用。

塞子塞好之后，将试管扎成捆，试管口外包一层牛皮纸（防止棉花塞被蒸汽弄湿），并做标签，注明培养基的名称、种类及组别。

棉塞也可用方便实用的铝质或者塑料的试管帽代替。现在也常用透气良好的硅胶专用试管塞，棉塞的使用反而越来越少了。

7. 灭菌

培养基灭菌一般采用121℃高压蒸汽灭菌20min。利用高压蒸汽灭菌锅产生的高压蒸汽来达到灭菌的目的，其温度在100℃以上，有强大的杀菌能力。特殊情况下，一些耐热性差的营养培养基，为达到灭菌的效果又尽量保证培养基中的每一种营养成分不被高温破坏，可通过降低灭菌压力，延长灭菌时间的方式。如糖类物质，灭菌温度太高会焦化，或者如抗生素、维生素等不可高压蒸汽灭菌的物质，应另行包扎用其他较低温度灭菌或者采取过滤除菌（具体操作见第二章第三节实验十五“常见的消毒灭菌方法”）。

注意：培养基配好后，必须立即灭菌，如暂时不灭菌，应放入冰箱暂存。培养基的灭菌时间和温度，需按照各种培养基的规定进行，以保证灭菌效果和不损坏培养基的营养成分。

8. 摆放斜面

在制备斜面培养基时，需在热气散尽而又未凝固前将试管搁置在一根长的玻璃棒或木棒上，凝固后即成斜面培养基。斜面的长度一般不要超过试管总长的1/2（图2-9）。

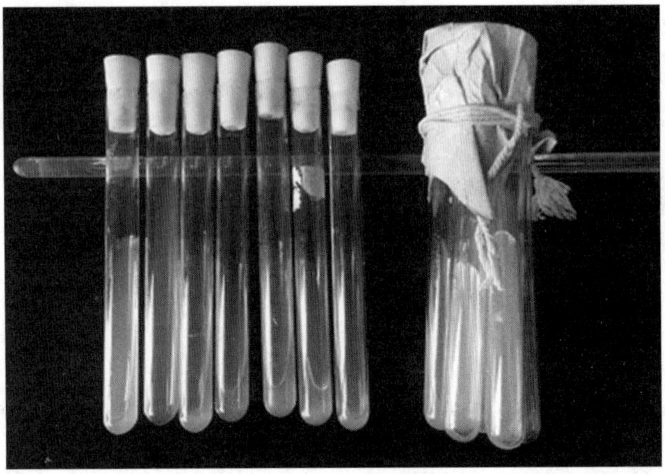

图2-9　斜面培养基摆放

9. 无菌检查

灭菌后的培养基，一般必须放在37℃恒温箱中，保温培养1~3d，无菌生长方可使用。

五、结果记录

1. 根据实验课程设置，配制对应的培养基，并记录配制培养基的名称、数量。
2. 记录灭菌后培养基体积、颜色是否有变化并分析原因。
3. 制作的斜面培养基长度、软硬度等是否达到要求？

六、思考题

1. 培养基的配制过程中都有哪些操作步骤，需要注意哪些问题？
2. 培养不同微生物能否用同一培养基和统一的 pH？为什么？
3. 培养基配制后为什么要灭菌后再用？又为何需要及时灭菌？
4. 为何不同培养基的灭菌时间和温度有所不同？
5. 根据设计培养基的原则和方法，设计出一款“淀粉酶产生菌筛选培养基”。

七、拓展资源

微课“培养基的配制及灭菌”。

培养基的配制及灭菌

实验十四　玻璃器皿的包扎与灭菌

一、目的要求

1. 学习并掌握玻璃器皿的包扎方法。
2. 了解不同材料的灭菌消毒方法。

二、基本原理

微生物学实验所用的器皿，包括培养皿、涂棒、移液管、滴管，以及盛放试剂或培养基的试管、锥形瓶等，大多需要进行消毒、灭菌，因此对其质量、洗涤和包装方法均有一定的要求。玻璃器皿一般要求硬质玻璃，才能承受高温和短暂烧灼而不致破裂；玻璃器皿的游离碱含量要少，否则会影响培养基的酸碱度；玻璃器皿的形状和包装方法要求能防止污染杂菌为准；洗涤玻璃器皿的方法不当也会影响实验的结果。目前国外微生物学实验室中，有些玻璃器皿（如培养皿、移液管等）已被一次性塑料制品所代替，但玻璃器皿仍是重要的实验室用具。

三、实验材料

1. 仪器

高压蒸汽灭菌器，鼓风干燥箱。

2. 器材

培养皿，移液管，试管，锥形瓶，棉塞或硅胶塞，玻璃珠，牛皮纸等。

四、实验步骤

1. 培养皿的包装

培养皿常用旧报纸包紧，一般以 6 副培养皿作一包，包好后进行干热或湿热灭菌。如将培养皿放入金属（不锈钢）筒内进行干热灭菌，则不必用纸包，金属筒有一个圆筒形的带盖外筒，里面放一个装培养皿的带底框架，此框架可自圆筒内提出，以便装取培养皿。

2. 移液管的包装

根据需要包扎移液管的长短和粗细情况，裁剪适宜长度和宽幅的报纸条。准备好干燥的移液管，在距其粗头顶端 0.5cm 处塞一小段约 1.5cm 长的棉花，以免使用时将杂菌吹入其中，或不慎将微生物吸出管外。棉花塞得松紧恰当（过紧，吹吸液体太费力；过松，吹气时棉花会下滑），然后分别将每支移液管尖端斜放在旧报纸的近左端，与报纸约成 45°角，并将左端报纸往内折 3～5cm，再覆折在移液管尖端上，使移液管尖端有双层报纸包裹住，避免尖端将报纸刺破无法得到良好包裹。然后，将整根移液管顺着 45°角卷入报纸，报纸尾端多余的部分打一小结，这样移液管从头至尾都被报纸很好地包裹住。如此包装好的多根移液管可再用一张大报纸包好，进行干热灭菌。

如果有装移液管的筒，也可将分别包装好的移液管一起装入筒内，进行灭菌；若预计一筒灭菌的移液管可一次用完，亦可不用报纸包而直接装入筒内灭菌，但要求移液管尖端朝筒底，粗端在筒口，使用时，将筒卧放在桌上，用手持粗端抽出。

3. 试管和三角烧瓶等的包装

试管管口和锥形瓶瓶口塞以棉花塞或透气硅胶塞，然后在棉花塞与管口或瓶口的外面用牛皮纸与细线包扎好（如果能用铝箔则更好，可省去用线扎且效果好）。试管塞好塞子后也可一起装在铁丝篓子中，用大张牛皮纸或铝箔将一篓试管口做一次包扎，纸的作用在于防止灭菌时蒸汽弄湿棉塞，以及保存时避免灰尘进入。

4. 带玻璃珠无菌水的准备（见第二章第五节“实验二十　土壤中微生物的分离纯化”）

量取 90mL 或 99mL 水，放入 250mL 锥形瓶中，加入适量玻璃珠，要求玻璃珠能铺平锥形瓶底部，加塞，牛皮纸包扎。

5. 灭菌

玻璃器皿一般用干热灭菌（160 ~ 170℃ 干热灭菌 2h），或高压蒸汽灭菌（121℃，30min），具体操作见第二章第三节“实验十五　常见的消毒灭菌方法”。灭菌完成后需置鼓风干燥箱 60℃ 左右烘干备用。

注意：培养基、培养液、试剂等含水分的物品必须用高压蒸汽灭菌。

五、结果记录

包扎平板 1 包（6 个/包或 12 个/包），包扎 10mL 移液管 2 根，1mL 移液管 4 根，涂棒 1 包，灭菌备用。

六、思考题

1. 简述移液管包装的注意事项。
2. 列下微生物分离纯化培养实验中所需要的材料清单及其准备工作内容。

七、拓展资源

微课“玻璃器皿的包扎和灭菌”；操作示范视频“器皿的包扎——活结打法”“器皿的包扎——培养皿的包扎”“器皿的包扎——三角瓶的加塞和包扎”“器皿的包扎——涂布棒的包扎”和“器皿的包扎——移液管的包扎”。

玻璃器皿的
包扎和灭菌

器皿的包扎
——活结打法

器皿的包扎
——培养皿的包扎

器皿的包扎
——三角瓶的加塞和包扎

器皿的包扎
——涂布棒的包扎

器皿的包扎
——移液管的包扎

实验十五 常用的消毒灭菌方法

一、目的要求

1. 了解几种常见消毒灭菌方法的原理。
2. 学习并掌握几种常见的消毒灭菌操作方法。

二、基本原理

灭菌与消毒二者含义不同，灭菌是指彻底杀死一定环境中的所有微生物；消毒是指消除病原菌或有害微生物，采取较温和的方式，仅杀死物体表面或内部的病原菌，而对消毒的对象基本无害。在微生物实验、研究和生产工作中，需要进行纯培养，要求不能有杂菌。因此对所用的器皿、培养基进行严格的灭菌，工作场所也需要进行消毒。灭菌与消毒的方法很多，可分为物理方法和化学方法两大类。物理方法包括加热灭菌（湿热灭菌、干热灭菌）、过滤除菌、紫外线灭菌、辐射灭菌等。化学方法主要是利用有机的或无机的化学药品对实验用具和其他物体表面进行灭菌或消毒。以下几种为微生物实验室常见消毒灭菌方法。

1. 湿热灭菌

湿热灭菌中代表方式为高压蒸汽灭菌，高压灭菌器的高温高压蒸汽可以杀死一切微生物，甚至包括细菌的芽孢、真菌的孢子等耐高温个体，是使用最广的、最有效的灭菌方法。在基础教学、科研实验室中采用得比较多的为电加热式高压灭菌器。将待灭菌的物品放在密闭的灭菌器内，通过电加热，使灭菌器隔套内的水沸腾而产生蒸汽。由下而上水蒸气混合灭菌器中的冷空气，并经排气口排出，待所有的空气排出后关闭排气阀；继续产生的水蒸气增加了密闭灭菌器内的压力，从而使水的沸点增高，得到了高于100℃的温度，在0.1MPa压力下灭菌器内温度可达121℃，导致微生物细胞内蛋白质凝固变性而达到杀死微生物的目的。电加热高压灭菌器构造简单，操作容易，可用于医疗器械、敷料、玻璃器皿、溶液、培养基等的消毒灭菌，广泛应用在生物、农业、卫生医疗等领域。

高压蒸汽灭菌器属于特种设备，需要经过严格培训方能使用，使用过程还需专人看管。

2. 干热灭菌

干热灭菌则利用高温使微生物细胞内蛋白质凝固变性而达到灭菌的目的，包括火焰直接灼烧和热空气灭菌两种方法。火焰直接灼烧是指利用火焰直接对微生物进行灼烧，操作简单方便，灭菌迅速彻底。一般用于接种工具、试管口、烧瓶口、玻璃涂棒、金属镊子等的灭菌或动物尸体等废弃物的处理。

另外，还可使用电热鼓风干燥箱进行干热灭菌，干燥箱可实现保温、控温、控时，利用高温干燥热空气（160~170℃）实现蛋白质的凝固而达到灭菌效果，此法适用于培养皿、移液管、试管等耐高温玻璃器皿，接种工具、解剖工具、手术器械等金属器械的灭菌，同时其他耐高温物品也可采用干热灭菌。培养基、溶液试剂等含水物质以及塑料制品、橡胶制品等不耐高温物品不可采用此方法。

3. 紫外线杀菌

一般用于灭菌的紫外线波长是200~300nm，灭菌力最强的是波长为265~266nm的紫外线。主要用于消毒器具表面的灭菌以及净化室内空气。器具表面灭菌一般要经肥皂水洗净再经清水洗净擦干后在紫外线下灭菌，包好备用。

4. 过滤除菌

微生物学研究中，经常需要使用到一些不耐热成分（如维生素、抗生素、血清等），此时可用过滤除菌技术进行过滤除去微生物。常见的过滤除菌装置主要有玻璃砂芯滤器和一次性针头滤器，一般过滤器孔径极小（如0.22μm）。当待过滤液体样品流经过滤器，大于滤膜孔径的细菌、放线菌、酵母菌、霉菌和孢子等微生物，被截留不能通过，从而可收获无菌液体。当然，使用的所有器具均需事先灭菌处理方可使用，操作时也需采用无菌操作方法。玻璃砂芯过滤器是由抽滤漏斗和抽滤瓶组成的一套玻璃或金属材质的过滤器，可处理几百毫升至几升液体样品；针头式滤器是一种由针筒连接两个塑料圆盘的过滤器（中间密封微孔滤膜），适合于处理几毫升至几十毫升的少量样品，操作更方便快捷。

另外，微生物实验室常用灭菌消毒方法还包括煮沸灭菌，这也是一种消毒方法，将待消毒物品（如玻璃器皿、白大褂、服装及其他实验用具等）放入水中直接煮沸30min或60min，可将细菌大部分杀死。

三、实验材料

1. 仪器

手提式压力灭菌器，全自动高压蒸汽灭菌器，鼓风干燥箱，超净工作台。

2. 培养基

牛肉膏蛋白胨培养基，PDA培养基。

3. 试剂

氨苄青霉素钠溶液（50mg/mL）。

4. 器皿和其他材料

玻璃培养皿，玻璃移液管，玻璃涂棒，一次性针头式过滤器（孔径0.22μm），20mL注射器，10mL离心管。

四、操作步骤

（一）用高压蒸汽灭菌法对培养基进行灭菌

1. 加水

打开灭菌器盖子，加适量水以没过加热电圈，水位不可超过支架。全自动灭菌器则还需检查冷凝水罐中的水位，使水位介于上下限之间。

注意：水量不够可能导致加热灭菌过程中灭菌锅烧干，继而烧爆发热管，引发事故。

2. 放置待灭菌物品

将包扎并标记好的培养基依次放于灭菌桶内。

注意：不要将欲灭菌物品直接放在加热器盖上，应当放在不锈钢篮子或者相类似的容器里，而且不能放太挤、太满，以免影响蒸汽的流通和灭菌效果。决不可用高压蒸汽灭菌器对含有腐蚀压力腔成分（盐、强酸、强碱）的培养基或化学物质进行灭菌，压力腔由不锈钢制成，腐蚀会引起设备过早损坏。

3. 密闭

关闭顶盖，如为手提式灭菌器，六个旋钮以“两两对旋”均衡受力的方式进行操作，保证锅体完全密闭。如果顶盖关闭不紧，在灭菌过程中有蒸汽泄漏的危险。

4. 加热灭菌

通过电加热，产生蒸汽，排气孔排出蒸汽，手提式灭菌器和半自动灭菌器需待排出白蒸汽 3~5min，保证锅内冷空气被排尽，方可关闭放汽阀。密闭的灭菌锅内因产生的水蒸气而压力增高，温度随蒸汽压力增高而上升，待温度或压力达到所需灭菌值时，控制热源，维持所需压力和温度，开始计时。

注意：灭菌的关键要点是在压力上升之前，务必让蒸汽将锅内的冷空气完全驱尽后，再关闭排气阀门，否则锅内的温度达不到正常灭菌所需的 121℃，结果往往会造成灭菌不彻底或灭菌失败。

5. 灭菌结束

计时结束，让灭菌器自然降压，待压力降至“0”，打开放汽阀，松开螺旋，开盖，取出物品（注意防止高温烫伤）。培养基或溶液取出自然降温，即可使用，玻璃器皿则需烘干除去湿气方可使用。

注意：高压情况下不可打开放汽阀，否则会使得灭菌锅内压力骤然下降，锅内培养基或试剂因压力下降发生沸腾现象，容器内液体冲出瓶口或试管口，造成棉塞沾染培养基而发生污染。

6. 无菌检查

将做过灭菌处理的培养基倒平皿 1~2 副，凝固后放置于 30℃ 培养箱培养 1~2d，观察灭菌效果。

注意：高压蒸汽灭菌涉及高温高压，开启、使用、关闭过程中均需专人值守，专人负责。

（二）干热灭菌对玻璃器皿进行灭菌

1. 摆放物品

将包装好的待灭菌玻璃器皿（玻璃培养皿、玻璃涂棒、玻璃移液管等）整齐摆放在电热鼓风干燥箱中。

注意：物品间需留有一定缝隙，以便热空气的流通，达到良好的灭菌效果；物品禁止接触干燥箱内壁，防止包装纸烤焦起火。

2. 设置温度和时间

接通电源，将温度设置为 160~170℃，恒温时间 2h。

注意：严格控制干热灭菌温度，当温度超过 170℃，包装纸会发黄，超过 180℃，包装纸或棉花等纤维材料会烤焦甚至燃烧。

3. 降温

待灭菌结束，关闭电源，等待自然降温。注意做好警示工作，以防有人误操作打开箱门，导致骤然降温，玻璃器皿炸裂。

4. 开箱取物

待干燥箱温度降至70℃以下，打开箱门，取出物品。

注意：高温干热灭菌开启、使用、关闭过程均需专人值守，专人负责，切勿因遗忘导致干燥箱过夜而引起安全事故。

（三）用针头式过滤器对氨苄青霉素钠溶液进行过滤除菌

1. 材料灭菌

如使用材料非一次性无菌材料，需要对材料（离心管、装好过滤膜的过滤器）进行清洗、包扎、蒸汽灭菌和烘干。

2. 吸取待过滤除菌样品

打开包装，用20mL无菌注射器吸取氨苄青霉素钠溶液到针管里。

3. 安装过滤器

打开包装，将注射器取液头部插入一次性过滤器的进液口，操作中注意不可用手触碰到出液口，保持其无菌状态。

4. 过滤除菌

缓慢地推动注射器，使得氨苄青霉素钠溶液通过过滤器，从出液口缓慢地流出，用10mL无菌离心管收集流出液，盖上盖子，标记好于-20℃中保存待用。

5. 无菌检查

过滤除菌样品需经无菌检查方可使用。

6. 使用后处理

使用后，一次性的注射器和滤器可弃于医疗废弃物垃圾袋中，等待集中处理。

注意：过滤除菌使用中，根据样品性质选择水相或有机相滤膜，但强酸、强碱及高极性的有机溶剂滤膜无法耐受，不可采用过滤除菌。全程需在超净工作台中进行操作，并严格执行无菌操作。

五、结果记录

1. 根据配制的培养基等物品的灭菌时间和灭菌温度要求，进行高压蒸汽灭菌；观察灭完菌的培养基是否存在异常，并对其进行无菌检查。

2. 记录灭菌玻璃物品在使用中可能出现的异常情况，如有污染现象，请认真记录与分析。

3. 记录过滤除菌的样品名称，过滤滤膜孔径，并对其进行无菌检查。

六、思考题

1. 作用最大、最常用、最方便的灭菌方式是哪个？请阐述理由。
2. 影响高压蒸汽灭菌的主要因素有哪些？在实践中如何应对？
3. 含糖培养基如何进行灭菌处理，请写出具体方法。
4. 列表阐述不同灭菌方式及其灭菌原理、适用范围、注意事项。

七、拓展资源

操作示范视频“高压灭菌锅的原理与使用”，微课“培养基的配制及灭菌”、“常见的消毒灭菌方法和玻璃器皿的包扎与灭菌”。

高压灭菌锅的原理与使用

培养基的配制及灭菌

常见的消毒灭菌方法和玻璃器皿的包扎与灭菌

第四节 无菌接种技术、培养技术和保藏技术

实验十六 微生物的无菌接种技术

一、目的要求

1. 建立纯培养技术中的“无菌”概念。
2. 了解微生物学实验中的几种基本接种方法及其应用范围。
3. 学习并掌握斜面接种、穿刺接种、平板接种和液体接种四种接种技能。

二、基本原理

微生物的无菌接种技术是微生物学实验技术中最基本的操作，即把已获得的纯种微生物，无菌条件下移植于新鲜的无菌培养基中的过程。在微生物的分离、培养，菌种鉴定，菌种保藏以及形态、生理等研究中都必须进行接种，企业生产中也涉及种子液的接种和转接。接种者必须有强烈的“无菌”概念（严防外界杂菌侵入研究体系），才能做到严格的无菌操作，若操作不慎，杂菌污染，将导致实验失败，以及造成生产的重大损失。

常用的接种工具有接种环、接种针、接种钩、接种铲、移液管、滴管等。接种针、接种环、接种钩均由金属丝和手柄组成，接种柄常用铝棒和胶木棒做成，金属丝一般常用铂金丝、镍丝，要求软硬度合适，传热和散热快，不易氧化，也可用直径0.5mm左右的细电炉丝、铅丝代替。将长7~8cm的笔直金属细丝插入接种柄即成接种针，将金属丝尾部弯成一个钩状即成接种钩，将金属丝尾部弯成圆环状即成接种环。接种铲则用直径0.5cm的金属铁棒或者玻璃棒烧灼弯曲而成，顶端为铲状。移液管作为接种工具时需要在上端塞入1~2cm棉花，以防止外界杂菌进入管内，污染样品。

微生物常采用的有斜面接种、液体接种、穿刺接种和平板接种等几种情况。斜面接种是微生物学实验中最为常用的接种方法，要求把试管内的微生物接入新鲜试管斜面上。穿刺接种法主要应用在观察细菌的运动力，菌种保藏，也可用于测定细菌的生长与氧的关系。液体接种法是指将纯种微生物接入液体培养基的方法，在对微生物生理特性及其代谢产物进行测定时，以及进行微生物扩大培养时，需要将菌种转移至液体培养基内进行培养。平板接种即用接种环将菌种接至平板培养基上，或用移液管接种定量的菌液至平板培养基上，再用无菌涂棒涂匀，然后培养，观察菌落形态、分离纯化菌种、活菌计数等常采用此方法。

三、实验材料

1. 菌种

藤黄八叠球菌（*Sarcina lutea*），大肠杆菌（*Escherichia coli*），枯草芽孢杆菌（*Bacillus subtilis*）斜面培养物。

2. 培养基

牛肉膏蛋白胨琼脂培养基（斜面、半固体、液体、平板等）。

3. 器材

接种环，接种针，接种钩，接种铲，移液管，滴管，酒精灯等。

四、实验步骤

（一）斜面接种

从已长好的菌种斜面挑取菌种转移至新鲜空白斜面培养基上，这是最基本、也是最常用的接种方法，主要用于菌种保存、菌种活化和扩大培养菌体以供实验。

1. 标记

接种前需在待接种试管上贴好标签，注明菌名及接种日期。

2. 点燃酒精灯

灯焰外周 1~2cm 处的空间为无菌区，所以在酒精灯焰旁进行无菌操作接种，可避免杂菌污染。接种最好在无菌室或超净工作台内进行，若无此条件，可在较清洁密闭的室内进行。

3. 接种环灭菌

右手拿接种环，先垂直、后水平方向来回对接种环进行灼烧。凡需进入试管的杆部均应通过火焰灼烧，下端的接种环必须烧红，以彻底灭菌。灼烧时，应把环放在酒精灯的外焰上，外焰温度高，易于烧红。

4. 无菌拔塞

将菌种及接种用的斜面培养基同时握在左手中，使中指位于两试管之间。管内斜面向上，两试管的口平齐，两管处于接近水平位置，用右手的小指、无名指及手掌，在火焰旁同时拔去两支试管的棉塞，并使试管口在火焰上通过，以烧去试管口的杂菌。

5. 冷却

将烧过的接种环伸入菌物试管内，先使环接触斜面上端的培养基或管壁，使接种环充分冷却。

6. 取菌体

待培养基不再被接种环熔化时，即可将环伸向斜面中部蘸取少量菌体，然后小心地将接种环从试管内抽出。注意不能让环接触管壁和管口。取出后，接种环不能通过火焰，在火焰旁抽出并迅速伸入新试管斜面内，在斜面底部，由下至上轻轻划“Z”字线。注意不要把培养基划破，也不要把菌沾在管壁上。此过程要求迅速、准确完成。

7. 塞回棉塞

接种完毕，试管口必须迅速通过火焰灭菌，在火焰旁塞入棉塞。注意在试管塞入棉塞之前管口必须维持在火焰近旁 1~2cm 处。操作中如不慎棉塞着火，只要迅速塞入试管内，由于缺氧火自然就会熄灭。

8. 杀灭接种环上残留菌

接完种后，接种环上沾有残留的菌体，需要对接种环进行再一次的灼烧，方可将接种环放回试管架上，以免污染环境。注意长时间在火焰旁操作，小心接种柄会烫手。

9. 培养

进一步把试管的棉塞塞紧，置37℃下培养16~18h。

10. 观察并记录

观察并记录斜面上菌物的生长情况。

（二）液体接种

由斜面将微生物接入液体培养基中，其无菌操作过程与接入斜面的步骤基本相同。

1. 斜面或平板接种至液体培养基

所拿的装有液体培养基的锥形瓶或试管不能放平，管口要略向上倾斜，以免培养液流出；接种时需要先无菌操作，从有菌的试管、平板蘸取少许菌种，放下后拿起液体摇瓶迅速将带菌的接种环在液体表面与试管壁交界处轻轻摩擦几下，即可将菌种移入液体培养基中。由于液体培养基会使用八层纱布，可用食指从中间将纱布往瓶口里戳进一部分，纱布边缘即可翘起，后续即可像拔去棉塞的方法一样，用右手的小指、无名指及手掌同“无菌拔塞”操作一样取放八层纱布；接完种后，将纱布塞回瓶口，再平展开，注意手不要触碰里侧纱布，再将液体培养基放至恒温培养振荡器中（恒温摇床）进行恒温培养。某些不易产生孢子的放线菌或真菌，在培养基上由于菌丝交织生长形成皮膜状培养物，用接种环不易挑起，可用接种铲或接种钩进行移接。

2. 以菌液接入液体培养基中

用液体培养物进行转接时，其操作过程也基本相同。不同点在于不用接种环，而要用事先灭过菌的无菌的滴管或无菌移液管进行接种；接种时用移液管从液体菌种中吸取一定量菌液接入液体培养基中，塞紧纱布或棉塞即可培养。

（三）穿刺接种

穿刺接种法需要把菌种接入半固体柱状培养基（琼脂含量0.4%~1.0%）。接种时使用接种针蘸取少量大肠杆菌菌体后，操作（拿法、灭菌等手法）与斜面接种法一致，拔塞后将接种针从牛肉膏半固体直立柱状培养基中间自上而下笔直插入，直插到接近管底但不要穿透培养基，再慢慢沿原接种轨迹拔出接种针。切勿搅动以免使接种线不整齐而影响观察，甚至会因用力搅动造成空隙太大进入空气，使结果不准确。接种完毕，接种针灼烧灭残菌，塞回棉塞（操作与斜面接种法相同），将试管放入试管架置37℃下培养16~18d，观察结果。

（四）平板接种

1. 斜面接平板

在接种前，首先需要掌握无菌倒琼脂平板方法。将固体琼脂培养基加热熔化，冷却至55~60℃，灭菌过的培养皿或者一次性无菌培养皿放在火焰旁的桌面上左手侧位置，右手拿装有培养基的锥形瓶；左手拔出棉塞，交至右手手掌边缘，用右小指夹住（棉塞也可用左手的小拇指夹住，切忌将棉塞放置在桌面上）；左手托起培养皿，大拇指和食指卡住培养皿边缘，其他手指展开撑住皿底，以食指为指点，大拇指活动，打开一条稍大于瓶口的缝隙，右手使瓶口迅速通过火焰，将锥形瓶中的培养基（10~20mL）倒入培养皿；左手立即盖上培养皿的皿盖，轻轻摇匀，轻柔放置在桌面上；左手拿回棉塞，迅速过火焰，并塞回锥形瓶；等待平板冷却凝固（需 5~10min）后，将平板倒过来放置，使皿盖在下，皿底在上。操作过程全程在酒精灯火焰旁操作。

（1）划线法　用接种环以无菌操作法从斜面菌苔上挑菌少许或以菌悬液转移至平板内，可分为连续划线和分区划线。方法是用左手托起培养皿，拇指稍向上掀盖打开一缝隙，右手把已取好菌的接种环迅速由缝隙伸入平板内，从培养基一侧开始做持续连续的划线，这即是连续划线法。分区划线法首先从培养基的一侧开始划线，划 3~4 条线，然后取出接种环灼烧，将接种环上残余菌杀死，左手随即将培养皿盖合上，并将平皿向右转 120°，再按上述操作进行第二次划线，划线时接种环须通过第一次划过的一条或两条线，即从第一次接种的细胞上进行接种，划 3~4 条，再转平皿约 120°，灼烧接种环后再做第三次划线，同法也可做第四次划线。接种完毕，灼烧接种环，将平皿倒置于 37℃ 下培养 16~18h。与连续划线不同的是，分区划线还可将细胞进行梯度稀释，最后可获得单菌落（同第二章第五节“实验二十　土壤中微生物的分离纯化”）。

（2）点接法　一般观察霉菌或酵母菌的较大菌落时多采用此法。方法是用接种环取菌体后，于平板上以三点（∴）的形式接种。由于霉菌孢子轻，易飞扬，也可先配成孢子悬浮液再进行接种。

2. 平板转移至斜面

平板上分离得到的单菌落，需要无菌操作分别移接到斜面培养基上以便于保存菌种。接种前，先选好典型单菌落，做好标记。以左手托住培养皿，并用拇指与食指掀起皿盖成缝隙，将灼烧过的接种环伸至菌落边的空白培养基处接触冷却，然后挑菌后移出接种环（靠近火焰无菌区），左手放下培养皿，换拿一支新鲜的斜面培养基按斜面接种法进行接种。接种完毕，置 37℃ 下培养 16~18h 观察结果。

3. 液体接平板

用灭菌移液管或滴管吸取定量的菌液接至平板培养基上，然后用无菌涂棒涂匀后，倒置于 37℃ 下培养，主要用于对微生物的分离和数量的测定中。

安全注意点：无菌接种操作中如不慎棉塞着火，只要迅速塞入试管内，由于缺氧火自然就会熄灭。如果棉塞外端或者八层纱布着火，不能用嘴吹，请沉着冷静，将着火的棉塞或纱布置于空地上，用一块湿抹布，将火苗盖住，抑制火源燃烧，使火势衰减直至完全熄灭。必要时可使用灭火器。棉塞和纱布使用有隐患，故现在很多实验室已更换成不易燃、可透气隔菌的材料。

五、结果记录

无菌操作，并对大肠杆菌、枯草芽孢杆菌、藤黄八叠球菌采用不同的方式进行接种练习，并进行相应温度和一定时间的培养，记录实操的接种感受和实验结果。

六、思考题

1. 什么是无菌操作与无菌概念？二者有何关系？
2. 列表总结这四种接种技术的要点、适用范围及注意事项。
3. 仔细观察视频“大家来找茬——斜面接种”，并找出操作中不规范的地方。

七、拓展资源

操作示范视频“微生物的无菌操作——无菌倒琼脂平板”“微生物的无菌接种——斜面接种技术”“微生物的分离纯化——平板划线分离（连续）”和“微生物的分离纯化——平板划线分离法（分区）”和“微生物的无菌接种——液体摇瓶的接种”。

微生物的无菌操作
——无菌倒琼脂平板

微生物的无菌接种
——斜面接种技术

微生物的分离纯化
——平板划线分离法（连续）

微生物的分离纯化
——平板划线分离法（分区）

微生物的无菌接种
——液体摇瓶的接种

实验十七　细菌的培养和培养特征

一、目的要求

1. 学习微生物不同培养特征的接种技术。
2. 掌握细菌培养特征的观察内容，项目及观察方法。

二、基本原理

微生物的培养特征是指微生物在培养基上所表现出的群体形态和生长状况。一般可用斜面、液体和半固体培养基来检验不同微生物的培养特征。细菌菌落就是由一个细菌繁殖起来，无数细菌组成的具有一定形态特征的细菌基团，而在一定的培养条件下不同微生物形成的群体特征又是不相同的。在固体培养基上细菌的培养特征就是其菌落特征，细菌的菌落特征一般呈现湿润、较光滑、较透明、较黏稠、容易挑取，质地均匀，菌落正反面颜色一致且均匀，但具有不同特殊构造（比如芽孢、鞭毛、荚膜等）的细菌在其菌落特征也有一定的反映。细菌在液体培养基中生长，细菌的属和种特征不同，生长成不同的状态，多数为浑浊，少数出现沉淀，部分细菌形成菌膜。细菌在半固体培养基中又呈现出特有的生长状态，若在半固体琼脂培养基中生长，可根据细菌的生长状态判断细菌有无鞭毛，能否运动；若在明胶培养基中生长，可以根据液化层的不同形状来判断是否有分泌蛋白酶使蛋白质降解，根据液化的程度判断产酶能力的大小。因此，培养特征是鉴定菌种的重要依据之一。

本实验对不同微生物在斜面培养基上的菌苔特征、平面培养基上的菌落特征、液体培养基中的生长特征、明胶穿刺培养及马铃薯块上的生长特征等进行了实验实践。

三、实验材料

1. 菌种

黏质沙雷杆菌（*Serratia marcescens*），枯草芽孢杆菌（*Bacillus subtilis*），蕈状芽孢杆菌，藤黄八叠球菌（*Sarcina lutea*）。

2. 培养基

牛肉膏蛋白胨琼脂培养基，牛肉膏蛋白胨斜面培养基，牛肉膏蛋白胨液体培养基（5mL），明胶半固体培养基（7~8mL），牛肉膏蛋白胨半固体培养基。

3. 器材

无菌培养皿，1mL无菌移液管，无菌玻璃刮铲，接种针，接种环等。

四、实验步骤

（一）斜面划线接种、培养及菌苔特征观察

1. 接种

接种前，新鲜斜面试管上贴上标签，注明菌名、接种日期及接种者等信息。无菌操作用

接种环从斜面菌种管菌苔边缘挑取少许菌体，在新鲜斜面培养基上做“Z”字形划线。注意不要划破培养基，也不要使菌体沾染管壁（具体操作可见第二章第四节实验十六“微生物的无菌接种技术”）。

2. 培养

置 28~30℃下培养 2~5d，取出观察斜面菌苔特征。

3. 菌苔观察

观察细菌生长情况，比如生长的快慢，生长量的变化，形成的菌苔形状、菌苔光泽，菌苔颜色和培养基颜色变化，黏稠度，气味，表面状况等，记录于表格 2-9 中，并附上清晰照片作为佐证。

（二）平面接种、培养及菌落形态观察

1. 接种

无菌倒牛肉膏蛋白胨琼脂培养基平板 4 副，冷却凝固后，将 4 种不同细菌在牛肉膏蛋白胨琼脂培养基平板上进行分区划线接种，并做好标记。

2. 培养

注明菌号、接种日期及接种者。倒置培养皿于 28~30℃下培养 2~5d 进行观察。

3. 菌落特征的记录

取出培养皿，选定单菌落，仔细观察菌落的形状、大小、数目、颜色、光泽、湿润度、隆起度、透明度、边缘形状、色素、气味等。菌落表面状况、边缘可用放大镜或低倍镜观察。在表格 2-10 中进行记录，并附上清晰照片作为佐证。

（三）液体接种、培养及观察

1. 接种

按无菌操作法用接种环取菌体少许，移入装有液体培养基的容器（试管或锥形瓶等）中，将接种环在液体表面处的器壁上轻轻摩擦，把菌细胞研磨开。然后抽出接种环灼烧，塞好透气棉塞或八层纱布，再摇动锥形瓶或试管，菌体即均匀分散在液体中。注意做好标记。

2. 培养及观察

接种后，置 28~30℃下培养 2~5d。观察液面是否形成有特征性的、厚薄差异的菌膜，其浑浊程度如何，是否环状生长或絮状沉淀产生等特征，并进行记录，记录于表格 2-11 中，并附上清晰照片作为佐证。

（四）穿刺接种、培养及观察

1. 接种

分别取明胶半固体培养基和牛肉膏蛋白胨半固体培养基各 4 管，注明菌号、接种时间及接种者等信息，用接种针蘸取少许菌种，在培养基中心进行穿刺接种。

2. 培养及观察

明胶培养管置 22℃下培养 2d、7d、10d、14d，观察并将培养基是否变色、液化情况及液化速度等记录于表 2-12 中。将牛肉膏蛋白胨半固体培养管置 28℃下培养 2~3d，观察直立柱穿刺线上群体扩散的结果，推测该细菌是否有长鞭毛，结果记录于表 2-12 中，并附上清晰照片作为佐证。

五、结果记录

将四种细菌进行斜面接种、平面接种、液体接种和穿刺接种，并将其培养特征填入下表。

表 2-9 四种细菌的斜面培养特征记录表

菌名	黏质沙雷杆菌	枯草芽孢杆菌	蕈状芽孢杆菌	藤黄八叠球菌
培养温度/℃				
培养时间/d				
形状				
光泽				
颜色				
培养基颜色				
表面状况				
气味				
微距照片				

表 2-10 四种细菌的平面培养特征记录表

菌名	黏质沙雷杆菌	枯草芽孢杆菌	蕈状芽孢杆菌	藤黄八叠球菌
培养温度/℃				
培养时间/d				
外观形态				
含水状态				
大小				
正面颜色				
反面颜色				
光泽				
表面光滑度				
透明度				
边缘情况				
气味				
微距照片				

表 2-11 四种细菌的液体培养特征记录表

菌名	黏质沙雷杆菌	枯草芽孢杆菌	蕈状芽孢杆菌	藤黄八叠球菌
培养温度/℃				
培养时间/d				

续表

菌名	黏质沙雷杆菌	枯草芽孢杆菌	蕈状芽孢杆菌	藤黄八叠球菌
液体表面情况				
浑浊情况				
沉淀情况				
有无气泡				
气味				
照片				

表 2-12　四种细菌的半固体培养特征记录表

培养基 \ 菌名		黏质沙雷杆菌	枯草芽孢杆菌	蕈状芽孢杆菌	藤黄八叠球菌
明胶半固体培养基	培养温度/℃				
	培养时间/d				
	生长情况				
	液化形状				
	液化速度				
	培养基颜色变化				
	照片				
半固体琼脂培养基	培养温度/℃				
	培养时间/d				
	生长状态				
	生长深度				
	培养基颜色变化				
	照片				

六、思考题

1. 说明观察细菌培养特征有何意义？
2. 根据已学知识，并结合文献查阅，设计试验观察不同真菌培养特征。

七、拓展资源

操作示范视频“微生物的无菌接种——斜面接种技术”“微生物的无菌接种——液体摇瓶的接种”“微生物的分离——平板划线分离法（分区）”。

微生物的无菌接种
——斜面接种技术

微生物的无菌接种
——液体摇瓶的接种

微生物的分离——
平板划线分离法（分区）

实验十八　厌氧微生物的培养

一、目的要求

1. 了解厌氧微生物的培养原理。
2. 掌握厌氧罐培养微生物的原理和方法。

二、基本原理

根据微生物对氧的需求不同，微生物可分为好氧菌（专性需氧菌、兼性需氧菌、微好氧菌）和厌氧菌（耐氧菌、一般厌氧菌、严格厌氧菌）。耐氧菌的生长不需要氧，氧对它们也无害，而对于一般厌氧菌和严格厌氧菌而言，氧对它们有毒害，即使短期接触也会抑制生长甚至致死。要培养厌氧菌，必须创造一个无氧的环境。通常在培养基中加入还原剂，或用物理、化学方法去除环境中的游离氧，以降低氧化还原电势。实验室常用的有：厌氧罐培养法、庖肉培养基法、焦性没食子酸法、厌氧袋法、厌氧盒法等，可根据实际情况选用。

其中，厌氧罐培养法通过使用厌氧产气袋进行一些简单的化学反应（反应式见下）除去密闭培养罐中的氧气，又能产生等体积对部分厌氧菌生长有利的 CO_2，因其设置简单、操作方便而得到广泛使用。在进行厌氧培养时，可以用指示剂检查系统中的还原条件，一般实验室中常用的如葡萄糖—美蓝指示剂。丙酮-丁醇梭菌为土壤中常见的厌氧菌，也是生产丙酮、乙醇的工业菌种，以下实验以丙酮-丁醇梭菌为例，来了解厌氧罐培养法培养厌氧微生物的方法。

$$Mg+ZnCl_2+2H_2O \rightarrow MgCl_2+Zn(OH)_2+H_2\uparrow$$

$$C_6H_8O_7+3NaHCO_3 \rightarrow Na_3(C_6H_5O_7)+3H_2O+3CO_2\uparrow$$

$$2H_2+O_2 \rightarrow 2H_2O$$

三、实验材料

1. 菌种

大肠杆菌（*Escherichia coli*），枯草芽孢杆菌（*Bacillus subtilis*），丙酮-丁醇梭菌（*Clostridium acetobutylicum*）。

2. 培养基

牛肉膏蛋白胨斜面培养基，强化梭菌（RCM）斜面培养基。

3. 器材

厌氧罐，气体发生袋，酒精灯，接种环。

四、实验步骤

1. 活化催化剂

将催化剂盒内的靶放在烘箱中 140~160℃烘 1~2h 进行活化，活化后装入盒中，如果催化剂盒为金属材质，可将催化剂盒直接放入烘箱中活化。活化后的催化剂装入厌氧罐罐盖中，旋紧。

2. 接种

无菌操作法挑取大肠杆菌、枯草芽孢杆菌、丙酮-丁醇梭菌，接种至牛肉膏蛋白胨斜面培养基（大肠杆菌、枯草芽孢杆菌）和强化梭菌（RCM）斜面培养基（丙酮-丁醇梭菌）。每个菌种分别接两支斜面。

3. 有氧培养

将接种后的菌种分别标记，其中一组斜面放置在37℃培养箱中有氧培养，另外一组菌种安置在厌氧罐内，准备厌氧培养。

4. 无氧环境设置和厌氧培养

剪开H_2-CO_2气体发生袋的一角，将其置于厌氧罐内；将0.006mol/L NaOH溶液、0.015%美蓝溶液和6%葡萄糖溶液各取1mL等量混合，加热使美蓝褪色（无氧状态下美蓝呈无色，残存有氧状态下美蓝呈蓝色），迅速放入厌氧罐中；立即向气体发生袋中加入10mL左右的水；迅速盖好厌氧罐罐盖，将固定梁旋紧。

注意：此时会观察到产气袋中会有气体释放出来，褪色的美蓝指示管（无色）会有轻微丝丝蓝色现象出现，这是初始罐内残存氧气导致的，随着氧气去除，美蓝指示管能维持颜色不继续变蓝，如果无氧环境设置失败，则美蓝指示管会逐渐变成深蓝色。

5. 培养

将厌氧罐置37℃培养箱中培养1~2d，观察并记录罐内美蓝指示管的颜色变化及菌种生长情况。

五、结果记录

观察有氧和无氧环境下大肠杆菌、枯草芽孢杆菌、丙酮-丁醇梭菌三种菌生长情况，记录并分析结果。

六、思考题

1. 你了解的厌氧菌的培养方法有哪些？请举例，并列表阐述其原理和优缺点。
2. 为保证厌氧罐培养法的厌氧环境的成功设置，具体有哪些关键步骤？

七、拓展设计题

请设计如何从土壤中分离、纯化和培养出丙酮-丁醇梭菌，并对丙酮-丁醇梭菌进行显微镜镜检，观察其个体形态。

实验十九　微生物的保藏技术

一、实验目的

1. 了解四种常用的菌种保藏技术的原理。
2. 掌握斜面保藏法、液体石蜡保藏法、冻存保藏法的操作方法。
3. 学会冷冻真空干燥保藏法操作。

二、基本原理

斜面保藏法：将已经在斜面培养基上充分生长好的菌物直接放置于4℃冰箱中，并定期移植。该方法利用低温抑制微生物的新陈代谢，推迟细胞老化，从而延长菌种保藏时间，为实验室中最常用的一种保藏方法。斜面保藏法不需要特殊实验设备，操作简单易行，能及时发现菌株是否死亡或者被污染，广泛用于实验和生产中细菌、放线菌、霉菌、酵母菌的保藏。但该方法保藏时间短（一般微生物需要每隔3~6个月进行移植），反复转接种容易染入杂菌或引起突变，从而导致生理活性减退，性能丢失或弱化。如果长时间忘记转接种，还会导致菌株死亡。

液体石蜡保藏法：该方法为斜面保藏法升级版，在斜面培养物上覆盖一层液体石蜡以隔绝空气，防止培养基水分蒸发的同时，让微生物处于一个缺氧的状态。辅以低温保存能有效抑制微生物的新陈代谢，从而延长微生物保藏时间。液体石蜡保藏法可保藏微生物1~5年之久，该方法简单易行，适用于大部分放线菌、霉菌、酵母菌的保藏。

冻存保藏法：这是一种加入保护剂的保藏法，体积分数在10%~20%的甘油管是最常用的保护剂。将成熟期菌种培养物制成悬浊液置于冻存管中，密封，可以根据实验室的条件将菌种置于-20℃冰箱、-80℃冰箱、超低温（-196~-150℃）液氮或干冰中保存，温度越低保存时间越长。加入保护剂的冻存保藏法需要有低温保藏设备，在如此低温情况下，微生物的代谢完全停滞，有利于微生物遗传物质和表观性状的稳定，可以长时间保存。因此它的应用范围极广，除适用于一般微生物菌种保藏外，还适用于一些难以保存的微生物，如支原体、衣原体以及难以形成孢子的霉菌等。

冷冻干燥保藏法：冷冻干燥保藏法集结了菌种保藏的四大有利因子，低温、干燥、缺氧和加保护剂，是各种保藏方法中最为行之有效的方法之一，对于大多数微生物都适用，包括一些难以保存的致病菌。将处于成熟期的微生物培养物悬浮于保护剂（如无菌的脱脂牛乳）中制成浓菌液，保护剂的目的是减少因冷冻和水分的不断升华对细胞造成的损害，分装到无菌的安瓿瓶中，于低温（-80~-50℃）中让细胞快速冷冻，随之在真空状态下冷冻干燥处理，使冰升华，让浓菌液完全干燥，最后在真空状态下进行安瓿管熔封。冷冻真空干燥法操作复杂，需要使用冷冻干燥设备、抽真空的设备和低温设备等，然而一旦保存好，则可以最大程度地减少微生物的改变、死亡和泄漏扩散，因此适用于菌种的长期保存，特别是一些致病微生物的保存，广泛应用于生产、研究中重要菌种的长期保存。

三、实验材料

1. 菌种

待保藏且生长良好的菌种，如枯草芽孢杆菌（*Bacillus subtilis*），链霉菌（*Streptomyces sp.*），酿酒酵母（*Saccharomyces cerevisiae*），黑曲霉（*Aspergillus niger*）。

2. 培养基

适合待保藏菌生长和孢子形成的斜面培养基。

3. 灭菌物品

无菌液体石蜡，无菌甘油，无菌脱脂牛乳，无菌安瓿管，无菌滴管，无菌移液管等。

4. 仪器

-80℃低温冰箱，-40℃低温冰箱，真空冷冻干燥机，普通冰箱等。

5. 其他材料

接种环等接种工具。

四、操作步骤

（一）斜面保藏法

1. 接种

将微生物接种于适宜的新鲜斜面培养基上。

2. 培养

适宜温度下，进行充分培养，得到充足的菌体或孢子。带芽孢的细菌需要等待至芽孢萌发成熟后，有孢子的放线菌和霉菌也需等待孢子成熟后再进行保藏。

3. 保藏

将充分生长好的菌种斜面放置于4℃冰箱冷藏保存。

4. 转接

保藏时间根据微生物的种类而有所区别，一般3~6个月需要进行转移。将到保藏期的微生物活化转接种至新鲜的斜面培养基上，培养成熟后，重复以上操作进行保藏。

注意：为延长保藏时间，也可以将棉塞、硅胶塞换成灭过菌的不透气橡皮塞，或者使用不透气的膜直接将棉塞、硅胶塞封住。

（二）液体石蜡保藏法

1. 液体石蜡灭菌

取10mL液体石蜡装于100mL锥形瓶中，塞上棉塞，扎上牛皮纸，高压蒸汽121℃灭菌30min，灭过菌后60℃烘箱中烘4h左右除去水分，烘干的液体石蜡呈现澄清的状态。

2. 接种

将微生物接种于适宜的新鲜斜面培养基上。

3. 培养

适宜温度下，进行充分培养。

4. 加液体石蜡

无菌操作将液体石蜡加入已经充分生长好的微生物斜面上，要求液体石蜡液面高于斜面顶部 1cm 左右，保证菌种与空气隔绝。

5. 保藏

将液体石蜡试管竖式放置于 4℃ 冰箱中保藏，可将棉塞换成橡皮塞，并用熔化的固态石蜡涂抹于管口，以保证完全密封。

6. 转接

到保藏期后，将斜面菌种活化并转移至新鲜的斜面培养基中，重复以上操作。

注意：用接种环接种转移时，注意需要将接种环充分冷却，以防止液体石蜡飞溅伤人。

(三) 甘油管冻存保藏法

1. 甘油灭菌

取 10mL 甘油装于 100mL 锥形瓶中，塞上棉塞，扎上牛皮纸，高压蒸汽 121℃ 灭菌 30min。

2. 接种

将微生物接种于合适的液体培养基或固体培养基上。

3. 培养

适宜温度下，微生物培养至稳定期，对于产生孢子的微生物应培养到形成成熟孢子的时期。

4. 悬浊液的制备

无菌操作将一定体积的无菌甘油和微生物培养液（或培养物）混合，使甘油的最终体积分数为 10%~20%，存于冻存管中。

5. 保藏

将含有甘油的培养物置于-80℃ 冰箱或液氮中保藏，保藏温度越低保藏时间越长，长可达数年之久。

(四) 冷冻真空干燥保藏法

1. 准备工作

无菌安瓿管：安瓿管采用中性玻璃制造，形状为长颈球形底，外径 6~7.5mm，长 105mm，球部直径 9~11mm，壁厚 0.8~1.2mm，在离球形底 2/3 处有缩窄细颈，便于后期熔封。管口塞好条状棉花，121℃ 灭菌 30min，备用。

无菌滴管：无菌滴管用于浓菌液的转移，因此要求滴管细长，能轻松插入安瓿管，将溶于脱脂牛乳中的浓菌液滴加至安瓿管的球形底部。滴管头部可用棉花包裹插入大试管，包扎好，可有效保护滴管的细长尾部不会断裂，121℃ 灭菌 30min，备用。

无菌脱脂牛乳：取新鲜牛乳 3000r/min 离心 5min，除去上层漂浮的油脂，重复 2~3 次，以保证油脂清理完全。也可选用脱脂乳粉配制成 20% 的浓度，分装在试管中，加塞，并用牛皮纸包扎，于 112℃ 灭菌 30min，备用。

2. 菌悬液的制备

菌种培养：将待保藏的微生物在斜面培养基上进行充分培养，若微生物可以产生芽孢或孢子，则应该尽量使微生物大量产生芽孢或孢子。

菌悬液制备：无菌操作吸取适量无菌脱脂牛乳至已培养成熟的微生物培养物中，用接种环轻轻刮下菌物，轻轻摇动，制成均匀的浓菌液。

分装到安瓿瓶：用无菌滴管吸取适量的菌液滴加至安瓿管的球形底部，加入量为球形底部 1/2 容积为宜。注意不要让菌液黏在管壁上。

3. 预冻

分装完成的安瓿瓶可于低温冰箱或者乙醇冰浴池（-30℃以下）中预冻，使菌液在低温情况下冻结成冰。

注意：一定要冻结实，否则后期对浓菌液进行冷冻干燥处理，在真空状态下容易导致菌悬液外溢。

4. 冷冻真空干燥

使用前检查：仔细检查冻干机抽真空腔体内是否有积水、棉花等杂物，务必要清理干净，并用干净软布擦干；检查硅胶管中是否有棉花等杂物，若有，请用镊子清理干净；查看硅胶管塞子是否塞紧。

机器开启：根据不同机型完成机器的开启和准备工作，让真空冷冻腔处于低温（-40℃左右）和真空状态（8Pa 以下）。

上安瓿管：用止血钳将硅胶管夹住，并拔去真空硅胶管上的塞子；用火焰烧过的剪刀将预冻完成的安瓿管外棉花剪去，再用剪刀的尖头将管口内的棉花向下推至距管口 1cm 左右；将安瓿管插入机器硅胶管中，长度 1cm 左右，松开止血钳，使安瓿管与真空冷冻腔连接；抽气，让安瓿管中水分在低温真空状态下直接升华；继续抽气待真空度恢复到 10Pa 以下，可以继续上下一根安瓿管。待安瓿管全部上毕，真空度可达到 6Pa 左右，保持干燥 3~4h，直至安瓿管样品被完全干燥，并脱离球形底，呈凹状半球。

安瓿管熔封：用止血钳夹住硅胶管，断开安瓿管与总管的连接；使用合适的火焰枪在安瓿管细颈处进行熔封。

注意：熔封时要均匀灼烧，火力不能太大、太散；封口过程中安瓿管温度较高，请勿用手触碰封口处。

真空度检测：用真空度检测仪对安瓿管真空度进行检测，若呈现淡紫色，代表真空度达到要求。

5. 保藏

将封口标记好的安瓿管置于 4℃冰箱冷藏保存，可保藏数十年之久。

五、结果记录

1. 对不同微生物分别采用四种保藏方法进行菌种保藏，记录并分析实操感受

2. 列表比较四种保藏方法适用保藏微生物类型、所使用的保藏剂、保藏温度和保藏时间及其优缺点。

六、思考题

1. 实验室中最常用的保藏方法是哪一个？它有何优缺点？
2. 甘油管保藏法适合什么类型微生物的保藏？
3. 冷冻干燥保藏法适合于什么情况下菌种保藏，优势在哪里？

第五节 微生物的分离纯化技术

实验二十 土壤中微生物的分离纯化

一、目的要求

1. 掌握倒平板的方法和几种常用的分离纯化微生物的基本操作技术。
2. 学习并掌握从土壤中分离微生物的方法。
3. 学习细菌、霉菌、放线菌菌落形态的识别。

二、基本原理

在自然条件下，微生物在各种生态系统中群居杂聚，不同的土样中各类微生物数量不同，一般土壤中细菌数量最多，其次为霉菌和放线菌，酵母菌在一般土壤中数量较少，在果园土、水果表皮、酒曲等地方数量会多一些。所以欲从含有多种微生物的样品中直接辨认出，并取得所需微生物个体进行纯培养，这是无法实现的。为了研究某种微生物的特性，或者大量培养和利用某一种微生物，必须事先从有关的生态环境中分离出所需的微生物，微生物形成菌落，每个单一菌落常常是由一种个体繁殖而成，而不同微生物的菌落是可以进一步加以形态识别和生理鉴定的，这一过程被称为微生物的分离和纯化。

微生物的分离纯化通常采用稀释分离、划线分离等方法，将样品中不同微生物个体在特定的培养基上培养出不同的单一菌落。划线分离一般针对污染的菌物的纯种分离，将沾有混菌的接种环在平板表面多方向划线，达到混杂微生物细胞在平板表面分散，获得单菌落，操作方便快捷。而土壤等多种微生物混杂材料中微生物的分离，就需要采用稀释分离的方法，通过微生物材料的梯度稀释，稀释过的微生物再进行稀释平板混合法或平板涂布法进行培养，获得单菌落。

三、实验材料

1. 材料

土壤样品。

2. 培养基和试剂

牛肉膏蛋白胨培养基，高氏一号培养基，马丁培养基，90mL 无菌水 1 瓶（带玻璃珠），6 支 9mL 无菌水/试管。

3. 仪器及用具

恒温培养箱，无菌培养皿，无菌移液管，酒精灯，无菌涂棒，接种环，手动菌落计数器（SC6），称量纸，药匙等。

四、操作步骤

从土壤中分离微生物的操作过程见图 2-10，具体操作步骤如下：

（一）土壤稀释液的制备

1. 采样

刨去土层表面浮土，采集土壤 10g，记录取样地点、日期和环境情况。称取土壤 1g，放入 90mL 无菌水的带玻璃珠锥形瓶中，振荡 10min，获得稀释 10^{-1}的土壤悬液。

2. 按十倍梯度进行稀释

（1）另取 5 支装有 9mL 无菌水的试管，用记号笔编上 10^{-2}、10^{-3}、10^{-4}、10^{-5}、10^{-6}、10^{-7}。

（2）取已稀释成 10^{-1}的土壤液，振荡后静置 20~30s。

（3）取 1mL 无菌移液管 1 支，从中撕掉并去除上段包装纸，在移液管上端加上橡皮头。酒精灯旁取出移液管，右手捏住移液管橡皮头，将移液管端口和上部快速过火焰 2~3 次。

（4）同时左手拿装有 10^{-1}的土壤液锥形瓶，在火焰旁，右手的手掌、小指、无名指夹住并拔出锥形瓶的棉塞或硅胶塞，右手拇指和食指捏住的移液管插入吸取 10^{-1}土壤液 1mL，右手将塞子塞回锥形瓶，左手放下锥形瓶。

（5）取出标有 10^{-2}的无菌水试管，注入 1mL 10^{-1}土壤液，并在试管内轻轻吹吸数次，使之充分混匀，即成 10^{-2}土壤稀释液。

（6）同法依次连续稀释至 $10^{-3}\rightarrow10^{-4}\rightarrow10^{-5}\rightarrow10^{-6}\rightarrow10^{-7}$土壤稀释液。

注意：切忌用手去摸移液管吸液口和吸液上部；用完的移液管插入原包装纸下部，不可直接放于桌面上，待实验结束后统一集中处置；在土壤稀释过程中，可用一支移液管由浓到稀，稀释到底，为避免误差，有条件的情况下最好每个稀释度一根移液管。

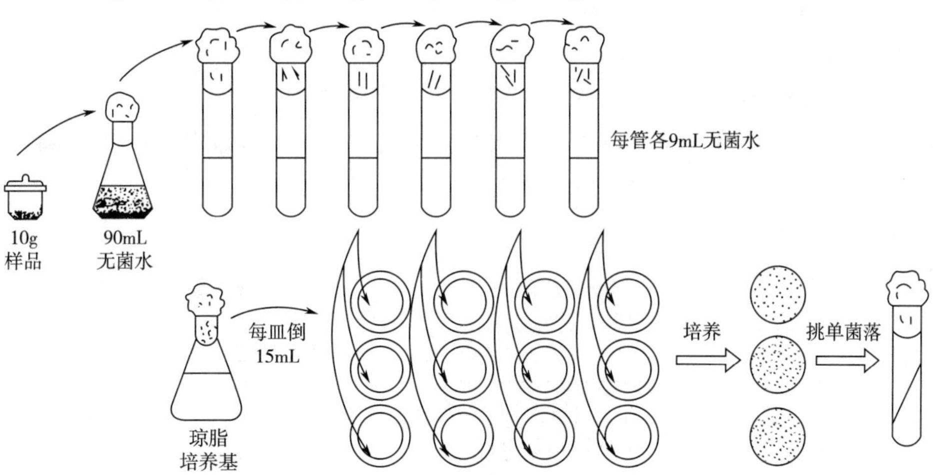

图 2-10　从土壤中分离微生物操作过程

（二）用稀释平板法（又名混菌法、混合法）分离微生物

1. 标记

先在无菌培养皿底部贴上标签，注明分离菌名、稀释度、组别、班级。

2. 取液

取一支移液管，以无菌操作法吸取相应的土壤稀释液 0.1 或 0.2mL，加在对应编号的无菌培养皿里。

3. 加培养基

取已熔化的在水浴锅中保温 50℃左右的培养基，分别倒 15~20mL 入上述培养皿中，快速轻柔转动培养皿（左右、前后、顺时针、逆时针各转动 2 次），使菌液、培养基充分混匀铺平，放在平坦的桌面上。

操作要点：由于细菌易吸附玻璃器皿表面，所以菌液加入培养皿后，应尽快倒入熔化并已冷却至 50℃左右的培养基，立即混匀，否则微生物不易分散而使培养好后形成菌苔，无法获得单菌落，影响分离纯化和菌落计数的实验结果。

4. 培养

凝固后，倒置于合适温度恒温培养一定时间。

5. 结果观察

观察菌落特征，包含形状和大小，表面，边缘，隆起形状，透明度，菌落及培养基的颜色，黏度和气味等。

6. 保存和镜检

挑取单个菌落，接种于相应的斜面培养基上，生长完好后进行镜检，确保是否为纯菌。如果为混菌，则用划线分离法进行进一步纯化，至最后得到纯培养为止。

注意：根据土壤中微生物的数量不同以及微生物生长要求的区别，不同微生物需要不同的稀释度、培养基、培养温度和时间。分离细菌，土壤一般需要稀释 10^{-5}、10^{-6}、10^{-7}，适用牛肉膏蛋白胨培养基 30~37℃培养 1~2d；分离霉菌，土壤需要稀释 10^{-3}、10^{-4}、10^{-5}，适用马丁培养基 28~30℃培养 3~5d；分离放线菌，土壤需要稀释 10^{-2}、10^{-3}、10^{-4}，适用高氏一号合成培养基 28~30℃培养 5~7d；分离酵母菌，土壤需要稀释 10^{-4}、10^{-5}、10^{-6}，适用豆芽汁葡萄糖培养基 28~30℃培养 2~3d。在分离放线菌时，需要在培养基中添加 25~50U/mL 的链霉素和 50U/mL 的制霉菌素以抑制细菌和霉菌的生长。

（三）用平板涂布法分离微生物

1. 标记

先在无菌培养皿底部贴上标签，注明分离菌名、稀释度、组别、班级。

2. 制平板

取已熔化好的温度适宜培养基，分别倒 15~20mL 入培养皿中，铺平，冷却凝固，制成平板。

3. 加液

凝固后，无菌操作取一支无菌移液管吸取相应稀释度的土壤稀释液 0.1 或 0.2mL 放在平板中央。

4. 涂抹

用无菌三角涂棒将稀释液在平板表面涂抹均匀，涂抹时切忌弄破平板。

5. 培养

将平板倒置恒温培养箱中于适宜条件下培养一定时间，观察微生物菌落特征，包括形状和大小，表面，边缘，隆起形状，透明度，菌落及培养基的颜色，黏度和气味等。

6. 保存和镜检

挑取单个菌落，接种于相应的斜面培养基上，生长完好后进行镜检，确保是否为纯菌。如果为混菌，则用划线分离法进行进一步纯化，至最后得到纯培养为止。

注意：采用稀释平板法和平板涂布法进行微生物的分离纯化，还可计算出每克土壤（或样品）中微生物的数量。每毫升样品中微生物细胞数=每皿菌落平均数×稀释倍数×1/取样体积数，即可计算出每克土壤（或样品）中微生物的数量。如果土壤或样品稀释适当的话，微生物能一一分散，经培养后，可在平板表面得到单菌落，计数时选用平板上能长出30~300个菌落的稀释倍数为宜。

（四）划线分离法分离微生物

当分离获得的单菌落镜检出来为混菌，或者某一微生物在使用中发现染了杂菌，需要用到划线分离法进行分离纯化。划线分离法可分为连续划线法和分区划线法。

1. 根据样品含菌量选择划线方法

（1）连续划线法　用接种环无菌操作挑取少许菌物，在平板培养基（已倒有对应培养基，且已凝固）表面做“Z”字形连续划线（图2-11），完毕后，倒置于适宜温度的培养箱中进行培养。

（2）分区划线法　操作与连续划线法类似，区别在于采用3~4区分区梯度划线。用接种环无菌操作挑取待分离纯化的菌物或样品，先在培养基的一边做第一次平行划线3~4条或“Z”字形连续划线（图2-12），占平板的1/3~1/2，再转动培养皿一定角度，并将接种环上剩余物烧掉，待冷却后通过第一次划线部分（即从第一次划线区域接种）做第二次划线，再转动一定角度，同法依次做第三次和第四次划线，所有分区情况要求分布合理美观，分四区参考转动角度为120°。划线完毕，盖上皿盖，倒置于适宜温度培养箱中培养。全程无菌操作。

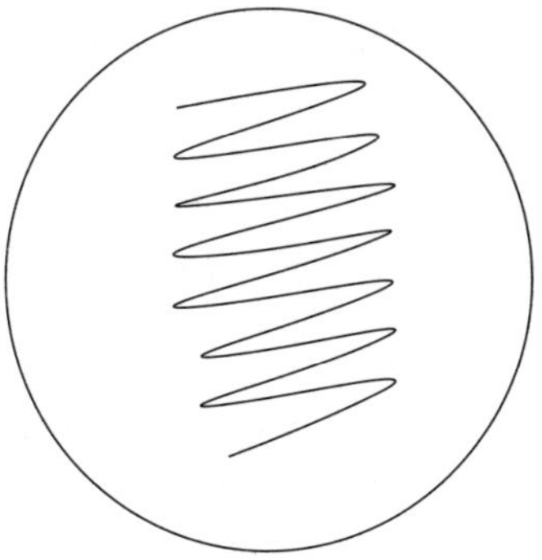

图2-11　连续划线法

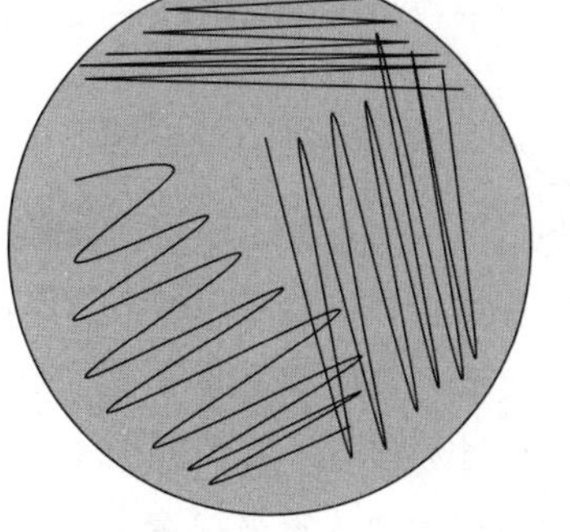

图2-12　分区划线法

注意：①接种环在平板上划线迅速滑动，不可弄破平板；②平行线之间的距离要小，使划线次数增加，更易获得单菌落；③及时灼烧接种环上的菌体；④连续划线法适合于含菌量少的样品，分区划线法适合于含菌量多的样品。

2. 观察菌落特征

观察菌落的形状和大小，表面，边缘，隆起形状，透明度，菌落及培养基的颜色，黏度和气味等。

3. 纯培养

挑取单个菌落接种于斜面培养基上，如果不纯，再移植纯化，最后得到纯培养。

五、结果记录

1. 列表记录观察到的微生物的菌落特征，如表 2-13 所示可以微距拍摄菌落作为佐证。

表 2-13　菌落特征记录表

培养基	稀释度	菌落特征									
		含水状态	外观形态	大小	正面颜色	反面颜色	表面	透明度	边缘情况	气味	照片
肉汤	10^{-5}										
	10^{-6}										
	10^{-7}										
马丁	10^{-3}										
	10^{-4}										
	10^{-5}										
高氏一号	10^{-2}										
	10^{-3}										
	10^{-4}										

注意：稀释倍数可根据样品含菌量多少进行适当调整。

2. 你所做的平板涂布法和稀释平板法是否较好地得到单菌落？如果不是，请分析原因。

六、思考题

1. 筛选获得的单菌落是否为纯培养？如何验证，请列出实验方案。
2. 如果要分离得到极端嗜盐细菌，在什么地方取样品分离为宜？说明理由。
3. 结合本实验和第二章第四节“实验十八　厌氧微生物的培养”所学到的实验技能，设计如何从土壤中进行厌氧细菌的分离和纯化？请列出实验方案。
4. 仔细观察视频“大家来找茬——平板划线分离”，并找出操作中不规范的地方。

七、拓展资源

微课“土壤中微生物的分离纯化”，操作示范视频“微生物的无菌操作——无菌倒琼脂平板”“微生物的无菌接种——斜面接种技术”“微生物的分离——平板划线分离法（分区）”“微生物的分离——平板划线分离法（连续）”。

微生物的无菌操作
——无菌倒琼脂平板

微生物的无菌接种
——斜面接种技术

微生物的分离
——平板划线分离法（分区）

微生物的分离
——平板划线分离法（连续）

大家来找茬
——平板划线分离

土壤中微生物的分离纯化

第三章　微生物学基础性实验

实验一　环境中和人体表面微生物的检测

一、目的要求

1. 了解我们所处环境中微生物的分布状况。
2. 学习并掌握空气和人体表面微生物的采样方法和检测方法。
3. 建立无菌概念，了解微生物学实验中无菌操作的重要性。

二、基本原理

微生物无处不在，自然界中广泛存在着多种多样的微生物。空气是人类赖以生存的必须环境，也是微生物借以扩散的媒介，空气中存在着细菌、真菌、病毒、放线菌等多种微生物粒子，这些微生物粒子是空气污染物的重要组成部分。同时，在人类、动物和植物的体表，以及与外界相通的人类和动物的呼吸道、消化道等腔道内，各种各样物品的表面，也有大量的微生物存在。空气微生物就是主要来自地面及设施、人和动物的呼吸道、皮肤和毛发等，它附着在空气气溶胶细小颗粒物表面，可较长时间停留在空气中。某些微生物可以借助于呼吸道、口、皮下或黏膜等途径进入人体，存留在肺的深处，给身体健康带来严重危害。

悬浮在空气中的微生物落在适宜它们生长的固体培养基表面，在适宜温度下培养一段时间后，每个分散的菌体或孢子就能成一个肉眼可见的细胞群体即菌落。通过观察菌落的特征和计数，就可大致鉴别空气中微生物的种类和数量。

空气并非微生物的繁殖场所，空气中缺乏水分和营养，紫外线的照射对微生物也有致死作用。

因此本次实验设计通过测量实验室空气中微生物含量，紫外线杀菌前后超净工作台空气微生物含量、人体及部分物品表面微生物含量，帮助学生树立起微生物实验中“无菌概念”，明确严谨的无菌操作在微生物科研活动中的重要性。

三、实验材料

1. 样品

实验室室内空气，超净工作台内的空气，人体鼻腔、口腔、手指等部位，手机、门把手、硬币等物品。

2. 培养基和试剂

牛肉膏蛋白胨培养基，1mL无菌水（装入小试管或者离心管中）。

3. 仪器与其他材料

超净工作台，恒温培养箱，无菌棉签，无菌培养皿，硅胶塞，酒精灯等。

四、实验步骤

1. 倒平板

将装有牛肉膏蛋白胨培养基的锥形瓶放置微波炉中高火加热2min左右，待完全熔化后，将锥形瓶温度下降至不烫手，无菌操作倒平板，每副平板10~15mL，凝固待用。并在每副平板上进行标记。

2. 不同环境样本的采集

（1）空气采样　在到需采样的实验区域四角及中央采取五个点，每个点做两个平行，一个对照，合计十一个培养皿。打开皿盖，暴露空气中10min，避开风口，离墙壁距离应大于0.5m，距离地面高度在0.5~1.5m，带微生物的尘粒或液滴因重力自然降落在培养基表面（沉降法）。

注意：采样时关闭门窗，减少人员走动。

（2）人体鼻腔、口腔、手指等部位的采样　取装有已灭菌棉签的培养皿，在酒精灯火焰边，无菌操作打开皿盖，右手取出一根棉签，注意不要触碰到其他棉签，放回平皿。左手再取装有1mL无菌水的小管，无菌操作打开管口，将棉签插入无菌水中浸泡一小会，在管壁上挤出多余水分，取出棉签，塞回塞子，放回小管。将湿棉签在取样部位（鼻腔、口腔、手指等）擦拭取样。将取好样的棉签，无菌操作放入前面用过的装有无菌水的小管中，击打振荡管壁，使样品均匀分散在无菌水中，取出棉签，在标记好的牛肉膏蛋白胨平板表面轻轻涂抹接种，切忌弄破培养基。

（3）其他物品表面微生物的采样　与人体表面部位的采样类似，无菌操作将湿棉签在物品表面擦拭即可，擦拭部位在2cm左右。注意，部分样品含菌量比较多，可以选择用接种环沾一环划线接种。

3. 培养

采好样的培养皿放入37℃培养箱中，倒置培养1~2d，将形成肉眼可见的菌落。

4. 观察与记录

对平板进行连续观察，观察不同类别微生物菌落出现的时间顺序，以及菌落特征（菌落大小、形状、颜色等）。

对空气中的实验结果，可根据公式进行计算：空气细菌菌落数（CFU/m^3）$= 100/A\times5/T\times1000/10\times N = 50000N/AT$，其中$N$表示培养后单个平板菌落数（CFU），$A$表示平皿的表面积（$cm^2$），$T$是表示培养皿在空气中的暴露时间（min）。此公式是根据100cm^2的表面积在空气中暴露5min的菌落数相当于10L空气中的菌落数来估算的，并不能代表真实空气微生物的数量，应该比实际菌落数小。

五、结果记录

1. 记录不同样品培养皿连续观察的实验结果，如菌落总数、优势菌群的菌落特征。
2. 计算实验室空气中微生物含量，确定实验室空气的卫生状况。
3. 列表计算每个样品平板上的菌落数，并对这些样品的卫生程度进行评价。
4. 比较经紫外线灭菌前后超净工作台内空气的微生物数量差别，评价紫外线杀菌效果。

六、思考题

1. 比较各个来源样品中微生物含量和类型，哪种最多？为什么？
2. 通过本实验，是否真切感知到“微生物的无处不在”，你对“人类和微生物的和谐共存”有何感悟？

七、拓展设计题

请设计一个“空气中微生物的培养和菌落总数的测定”实验检测项目。

实验二　细菌生长曲线的制作

一、目的要求

1. 了解细菌生长曲线的特点及测定的原理。
2. 学习用比浊法测定大肠杆菌的生长曲线。

二、基本原理

将一定数量的细菌接种到适宜的、恒定容积的液体培养基中，在适宜的温度、通气等条件下进行培养，细菌数量将会发生有规律的增长。定时测量其生长量，以培养时间为横坐标，以细菌数目的对数值（或 OD 值）为纵坐标，绘制曲线，可得细菌的生长曲线。典型的微生物生长曲线包括四个时期：延滞期、对数期、稳定期和衰亡期。一般来说，微生物（细菌）重量的变化比个数的变化更能在本质上反映出生长的过程。

微生物生长曲线的绘制方法主要分为：生长量测量法、微生物计数法、还原糖测定法、氨基酸测定法以及其他生理物质的测定。其中生长量测量法又分为测菌丝浓度法、称干重法、比浊法等；微生物计数法又可分为血球计数板法、染色计数法、液体稀释法等。

本实验以大肠杆菌为例，利用分光光度计测定不同培养时间大肠杆菌菌悬液的吸光度来表示生长量，绘制生长曲线。

三、实验材料

1. 菌种

培养 18h 的大肠杆菌（*Escherichia coli*）培养液。

2. 培养基和试剂

牛肉膏蛋白胨液体培养基，1mL 无菌水（装入小试管或者离心管中）。

3. 仪器与其他材料

超净工作台，恒温培养箱，摇床，冰箱，分光光度计，酒精灯，标签等。

四、实验步骤

1. 接种

取 11 支装有 5mL 牛肉膏蛋白胨培养液的试管，贴上标签（标注菌名、培养时间和组别），按无菌操作法用移液管向每管准确加入混匀的 0.2mL 的大肠杆菌 18h 培养液，接种后，轻轻摇荡，使菌体混匀。另一支不接种的培养管用作对照。

2. 培养

将接种后的 11 支培养管和空白对照摇管置于摇床上，在 37℃ 下振荡培养，转速为 180r/min。将培养管分别于培养的 0、1.5、3、4、6、8、10、12、14、16 和 18h 后取出，放冰箱中贮存。

3. 比浊测定

将培养不同时间、形成不同细胞浓度的细菌培养液用牛肉膏蛋白胨液体培养基进行适当稀释，使光密度值在 0.1～0.65 范围内，以未接种的牛肉膏蛋白胨液体培养基调零点，在分光光度计上，选用 600nm 波长测定其 OD 值，从最稀浓度的菌悬液开始，依次测定。

五、结果记录

1. 将测定的摇管 OD 值填入表格中，见表 3-1。

表 3-1　大肠杆菌培养液 OD 值测定结果

培养时间/h	0	1.5	3	4	6	8	10	12	14	16	18
稀释倍数											
$OD_{600\ nm}$											

2. 绘制曲线

以细菌悬液的光密度值（OD）为纵坐标，培养时间为横坐标，绘制大肠杆菌的生长曲线。

六、思考题

1. 本实验利用分光光度计测定菌悬液的吸光度来推知菌液的浓度，那还有哪些方法可以推知细菌的生长量？
2. 利用分光光度计测定微生物的生长量有何优缺点？它能否测定其中活细胞数量，能否提出一个更优化的方法？

实验三　微生物的常见生理生化实验

一、目的要求

1. 学习与掌握细菌鉴定中常用的主要生理生化反应实验方法与原理。
2. 通过不同细菌对不同化合物的分解利用情况，了解细菌生理代谢的多样性。
3. 了解生理生化反应在细菌分类鉴定中的重要性。

二、基本原理

细菌的代谢与呼吸主要取决于酶的催化作用，各种细菌具有不同的酶系组成，表现在对某些含碳化合物及含氮化合物的分解利用情况不同，代谢产物也有所不同，比如有些微生物能分泌淀粉酶将淀粉水解为麦芽糖或葡萄糖，有些微生物能分泌脂肪酶，将脂肪水解为甘油和脂肪酸，展现了细菌代谢类型的多样性，同时这种微生物对碳、氮化合物的分解利用的生理生化反应也成为微生物菌种鉴定的重要依据之一。生物学者设计各式各样的实验来解析微生物生理生化反应，通过这些经典微生物生理生化试验对微生物的解析，用来作为微生物分类的重要支撑依据。

糖发酵试验、VP 试验和 MR 试验为微生物研究中常用的生理生化反应，解析葡萄糖在进入细胞后，不同微生物经不同途径发酵葡萄糖，产生不同的代谢产物的情况。糖发酵试验是探讨微生物利用糖类作为碳源和能源，进行发酵代谢，并产生不同的终产物。有些细菌能分解某种糖并产酸（如乳酸、醋酸、丙酸等）和产气（如氢、甲烷、二氧化碳等），有些细菌只产酸不产气。例如大肠杆菌能分解乳糖和葡萄糖产酸并产气；伤寒杆菌能分解葡萄糖产酸不产气，不能分解乳糖；普通变形杆菌分解葡萄糖产酸产气，不能分解乳糖。酸的产生可用指示剂来显示，在配制糖发酵培养基时，预先加入溴甲酚紫（pH 6.8 以上时呈紫色，pH 5.2 以下时呈黄色），当细菌分解糖产酸时，会使培养液由原来的紫色变为黄色。气体的产生可由糖发酵管中倒立的德汉氏小管中有无气泡来指示。

VP 试验（乙酰甲基甲醇试验）是用来测定某些细菌利用葡萄糖产生非酸性或中性末端产物的能力，如丙酮酸，而丙酮酸进行缩合、脱羧后，产生中性的乙酰甲基甲醇。乙酰甲基甲醇在碱性条件下，可被空气中的氧气氧化为二乙酰，二乙酰与蛋白胨中精氨酸的胍基起作用，生成红色化合物，此即为 VP 试验阳性反应。当试管中加 α-萘酚时，可以促进反应的出现。

MR 试验（甲基红试验）也是用来检测微生物发酵葡萄糖产酸的能力，部分微生物所产的有机酸（如甲酸、乙酸、乳酸等）足以使培养基 pH 降至 4.2 以下，可使加入培养基中的甲基红指示剂（变色范围为 4.4~6.2）由橙黄色转变为红色。

三、实验材料

1. 菌种

培养 18h 的大肠杆菌（*Escherichia coli*），枯草芽孢杆菌（*Bacillus subtilis*），产气肠杆菌

(*Enterobacter aerogenes*)，筛选到的待鉴定的分离菌株。

2. 培养基

糖发酵培养基（葡萄糖、乳糖），葡萄糖蛋白胨培养基，每管装液量为10mL。

3. 试剂

甲基红指示剂，40%KOH，5%α-萘酚等。

4. 其他器材

接种环，酒精灯等。

四、操作步骤

（一）糖类（醇或糖苷）发酵试验

1. 标记

取糖发酵培养基（葡萄糖、乳糖），分别标注种类、接种的菌名、操作时间等信息。

2. 接种

无菌操作分别接入大肠杆菌、枯草芽孢杆菌和筛选到的分离菌株于糖发酵液体培养基中各一环，每种糖重复2支，留2支不接种作为空白对照，37℃培养箱中培养。

3. 结果观察

分别在24h和48h后进行观察和结果记录，必要时可延长培养时间。若分解糖产酸，则培养基pH下降，指示剂由紫色变成黄色；若产气，则德汉氏小管顶端出现气泡。

（二）VP试验

1. 接种

标记，并分别接入大肠杆菌、产气肠杆菌、筛选到的分离菌株于葡萄糖蛋白胨液体培养基中各一环，重复2次，2管不接种作为对照，37℃培养24h。

2. 结果观察

分别在上述菌管内每管加入40% KOH溶液10~20滴，再加等量α-萘酚溶液，拔去硅胶塞，用力振荡，然后于37℃保温15~30min，以加快反应速度，若培养液出现红色，即为VP阳性反应。对照管也需进行同样操作。

（三）MR试验

1. 接种

标记，并分别接入大肠杆菌、产气肠杆菌、筛选到的分离菌株于葡萄糖蛋白胨液体培养基中各一环，重复2次，2管不接种作为对照，37℃培养24h（操作与VP试验相同，可合并操作）。

2. 结果观察

在培养液中加入MR试剂（甲基红试剂）2滴，摇匀，如果出现红色，则为MR阳性反应，呈现黄色则为阴性反应，可继续培养再次检查。对照管也需进行同样操作。

注意：应该注意甲基红试剂不可加太多，以免出现假阳性反应。

五、结果记录

将以上各项试验结果在一定时间内进行观察，结果填入表 3-2 和表 3-3：

表 3-2　糖发酵试验结果记录表

试验名称	结果记录			
	培养时间	大肠杆菌	枯草芽孢杆菌	筛选的分离菌株
葡萄糖发酵试验	24h			
	48h			
乳糖发酵试验	24h			
	48h			

表 3-3　MR 试验和 VP 试验结果记录表

试验名称	大肠杆菌	产气肠杆菌	筛选到的分离菌株
MR 试验			
VP 试验			

注：糖发酵反应产酸产气用“○+”表示；只产酸不产气用“+”表示；不产酸不产气用“-”表示；VP 试验和 MR 试验“+”表示阳性反应，“-”表示阴性反应。

六、思考题

1. 三个试验中，为什么培养时间对实验结果正确与否很重要？把握不好培养时间会产生什么样的后果？
2. 分析大肠杆菌和枯草芽孢杆菌对葡萄糖和乳糖的利用情况，并分析产生的酸性物质和气体可能是什么？
3. VP 试验（乙酰甲基甲醇试验）与 MR 试验（甲基红试验）的最初作用物以及最终产物有什么异同？为什么会出现最终产物的不同？

七、拓展设计题和拓展资源

1. 设计一个试验，探讨微生物对不同碳源的利用情况。
2. 微课“微生物的常见生理生化试验”。

微生物的常见生理生化试验

实验四　环境因素对微生物生长的影响

一、目的要求

1. 了解温度、紫外线、化学因素对微生物生长的影响与作用机制。
2. 探究温度、化学因素、生物因素、紫外线对微生物的影响。
3. 学习和掌握最适生长温度的测定。

二、基本原理

生长和繁殖是保证微生物获得巨大数量的必要前提。影响微生物生长的外界环境因素有很多，除了营养条件之外，还有温度、渗透压、氧气、pH、紫外线、化学药品、拮抗菌等各方面的物理、化学及生物因素。

微生物的生命活动必须在一定温度范围内进行，温度过高或过低，均会影响其代谢方式、生长速度甚至可能致死微生物，对于特定的某一种微生物，它只能在一定温度范围内生长，在这个范围内，每种微生物都有自己的最低、最适和最高生长温度，不同微生物最适生长温度不同。

某些化学药剂（消毒剂）抑制或杀灭微生物，其效应强弱与试剂类型、浓度、作用时间以及作用对象有关，有些药剂在浓度极低的情况下仍然有较强的作用。

紫外线对微生物有诱发突变和致死作用，因紫外线照射剂量不同而异，低剂量用于微生物诱变育种，高剂量用于实验室或工作间消毒杀菌，紫外线照射剂量与照射光强、距离以及照射时间相关。

同时，微生物之间还存在拮抗作用，微生物产生的次生代谢产物（如青霉素等抗生素）可以选择性抑制或杀死其他微生物。如果将产生某种抗生素的菌划直线接种在培养基上，经培养后，就会长出一条菌带，并产生某种抗生素向菌带周围扩散，再与这条菌带垂直方向划直线接种某些不同的试验菌，就会产生不同长度的抑菌带。根据抑菌带的长短，即可判断该抗生素对不同微生物的影响。

三、实验材料

1. 菌种

培养 18h 的大肠杆菌（*Escherichia coli*），枯草芽孢杆菌（*Bacillus subtilis*），藤黄八叠球菌（*Sarcina lutea*）培养液，嗜热脂肪芽孢杆菌（*Bacillus stearothermophilus*），青霉（*Penicillium* sp.）。

2. 培养基

牛肉膏蛋白胨培养基。

3. 试剂

0.1%新洁尔灭（苯扎溴铵），75%乙醇，2.5%碘酊，0.1%龙胆紫，0.5%石炭酸，

0.85%氯化钠（定量称取吸取对应质量或体积溶于蒸馏水，过滤除菌后使用）。

4. 仪器及其他材料

生化培养箱，超净工作台，涂布棒，接种环，镊子，无菌空白药敏纸片，无菌平皿，无菌移液管等。

四、实验内容

（一）温度对微生物生长的影响

1. 标记

用记号笔在无菌培养皿底部画扇分区，根据同一培养基接菌种数量分区块，三株菌分三区，底部贴上标签，简要注明菌名、组别和班级。

2. 倒培养基

微波炉高火 2 分钟熔化牛肉膏蛋白胨培养基，冷却并倒平板四副，每副平板约 15mL。

3. 接种

分别使用大肠杆菌、枯草芽孢杆菌和嗜热脂肪芽孢杆菌在牛肉膏蛋白胨培养基上对应区块接种。

4. 培养

设置 15、25、35、45℃共 4 个培养温度。跟踪观察这 3 株菌在这 4 个温度下的生长状况。

（二）化学因素对微生物生长的影响

1. 标记

用记号笔在无菌培养皿底部画扇分区，根据使用化学试剂数量分区块，一般最多不超过六扇。底部贴上标签，简要注明菌名、试剂名（编号）、组别和班级。

2. 倒培养基和接种

同法，倒牛肉膏蛋白胨培养基两副，并分别吸取大肠杆菌和藤黄八叠球菌在平板上均匀涂布，也可将菌混入培养基（冷却至 50℃左右）中进行混合法倒平板。

3. 贴片

选用 0.1%新洁尔灭（苯扎溴铵）、75%乙醇、2.5%碘酊、0.1%龙胆紫、0.5%石炭酸、0.85%氯化钠，0.85%氯化钠作为对照，各吸取 10μL 药液至滤纸片上，贴片于标注的对应扇区。

4. 培养与观察

将贴片处理过的平板放置于 37℃培养箱中培养 18h，观察产生的抑菌圈和纸片的大小比例。

注意：考虑到抑菌圈直径大小问题，9cm 平皿最多分六个扇区；滤纸片易吸水，故平板上不可有水汽，可适当干燥后使用，同时滤纸片吸取药液后再放置在平板上。

（三）生物因素对微生物生长的影响

1. 倒培养基和接种

倒牛肉膏蛋白胨培养基一副，在培养基上直线接种青霉菌，28℃培养 7d 后，在垂直方向平行划直线接种大肠杆菌、藤黄八叠球菌和枯草芽孢杆菌。全程无菌操作。

2. 培养和观察

接好种的平板放至37℃培养，1d后观察这三株菌的生长情况。

(四) 紫外线杀菌对微生物生长的影响

1. 倒培养基和接种

倒牛肉膏蛋白胨培养基两副，并分别吸取大肠杆菌和藤黄八叠球菌在平板上均匀涂布。

2. 紫外线杀菌处理

夹取一片灭过菌的牛皮纸片，无菌操作放置于涂有菌液的平板上，将平板转移至超净工作台内，敞开于无菌台中紫外线杀菌30min。杀菌结束后，避光20min。

3. 培养与观察

将平板转移至37℃培养箱中避光培养，培养1d后取下牛皮纸观察菌斑情况以及紫外线杀菌效果。

注意：牛皮纸片可让学生自制，根据学生喜好裁剪成不同的形状，如五角星、花形、树形、字形等，大小适用于9cm平皿即可，准备好后放置在平皿中灭菌备用。如果不用牛皮纸片，也可以简单用盖玻片替代。

五、结果记录

1. 文字描述不同温度对微生物生长的影响，并对生长情况进行记录（表3-4）。

表3-4 温度对微生物生长的影响

菌名	15℃	25℃	35℃	45℃
大肠杆菌				
嗜热芽孢杆菌				
枯草芽孢杆菌				

注意：记录生长情况用符号表示，“-”表示不生长；“+”表示生长差；“++”表示生长一般；“+++”表示生长良好。

2. 观察紫外线对微生物生长影响的实验中，图文结合记录平板上是否有纸形图案的细菌生长、增殖情况图像。

3. 观察并记录三株菌的生长情况，分析青霉素对三株试验菌的抑菌效能的差别。

4. 观察并记录不同条件下菌的生长情况，用“+”、“-”号表示化学药剂敏感性并测量抑菌圈直径，将测量结果填入表3-5中，并推断药剂的抑菌作用强弱。

表3-5 化学因素对微生物生长的影响

化学物质	大肠杆菌			藤黄八叠球菌		
	滤纸片半径（mm）	抑菌圈半径（mm）	抑菌圈/滤纸片	滤纸片半径（mm）	抑菌圈半径（mm）	抑菌圈/滤纸片
0.1%新洁尔灭						

续表

化学物质	大肠杆菌			藤黄八叠球菌		
	滤纸片半径（mm）	抑菌圈半径（mm）	抑菌圈/滤纸片	滤纸片半径（mm）	抑菌圈半径（mm）	抑菌圈/滤纸片
75%乙醇						
2.5%碘酊						
0.1%龙胆紫						
0.5%石炭酸						

六、思考题

1. 通常实验室用冰箱的4℃冷藏温度保藏微生物，或甘油、石蜡冷冻保存菌种，为什么？
2. 为什么低温下冷藏的食物时间长了仍会变质？
3. 影响抑菌圈大小的因素有哪些？抑菌圈大小能否准确反映化学消毒剂抑菌能力的强弱？

实验五　微生物转化-纤维素分解实验

一、目的要求

1. 了解纤维素分解的基本知识。
2. 掌握观察纤维素好氧和厌氧分解的基本实验技术。

二、基本原理

微生物是地球化学循环的主要推动者，经过微生物的分解作用，以有机物形式存在的营养元素被重新转化为无机物质，保持着生物的延续和发展。纤维素是光合作用的产物，是植物细胞壁的主要成分，占植物组织的50%左右，是一种由葡萄糖首尾相连的高分子化合物。地球上的植物每年产生的大量纤维素随着植物残体或有机肥料进入土壤，被土壤中某些能产生纤维素酶的微生物分解利用。将这些微生物从土壤中分离出来，可对其展开研究和应用，比如利用秸秆等废弃物生产酒精，分离出纤维素酶处理服饰面料等。

三、实验材料

1. 样品

近3mm粒度菜园土，取土深度约15cm。

2. 培养基

（1）纤维素好氧分解固体培养基　KH_2PO_4 1.0g，$MgSO_4 \cdot 7H_2O$ 0.3g，$FeCl_3$ 0.01g，$CaCl_2$ 0.1g，$NaNO_3$ 2.5g，蒸馏水1000mL，琼脂20g，pH为7.2~7.3，121℃灭菌20min。

（2）纤维素厌氧分解液体培养基　$Na(NH_4)HPO_4$ 2.0g，KH_2PO_4 1.0g，$MgSO_4 \cdot 7H_2O$ 0.5g，$CaCl_2 \cdot 6H_2O$ 0.3g，蛋白胨1.0g，$CaCO_3$ 5.0g，蒸馏水1000mL。将上述培养基分装于18cm×18cm试管中，每管15mL，并在深层液体中放入一条1cm×8cm的滤纸。121℃灭菌20min。

3. 仪器及其他材料

显微镜，载玻片，盖玻片，香柏油，二甲苯，擦净纸，镊子，无菌培养皿，直径略小于9cm的无菌滤纸片，1mL、10mL无菌移液管，无菌水等。

四、操作步骤

（一）土粒法分离纤维素的好氧分解微生物

1. 采土

在选好适当地点后，用小铲子除去表土，取离地面5~15cm处的土约10g，盛入清洁的牛皮纸袋或塑料袋中，扎好、标记，记录采样时间、地点、环境条件等。

2. 倒培养基

将纤维素好氧分解固体培养基趁热倒入培养皿，冷却后加直径近于培养皿的滤纸一张，用少量培养液润湿。

3. 样品放置

在滤纸上等距放 10 个近 3mm 粒度的土粒，28～30℃静置培养 7d 左右。每隔 2d，观察并记录土粒周围滤纸变色情况。

4. 结果观察

如果滤纸变色或溃烂，表示有纤维素分解菌在起作用。当出现黄或棕绿色斑时，挑取少许不含土粒的变色纤维制片镜检，初步观察分解纤维素的细菌、真菌和放线菌。注意：当出现变色斑应当尽早观察。

（二）液体稀释法分离纤维素的厌氧分解微生物

1. 制备土壤稀释液

制备土壤稀释液 10^{-5}～10^{-1}。

2. 接种

每个稀释度接种于 1 管纤维素厌氧分解液体培养基中，每管接种 1mL，于 28～30℃静置培养 7d 左右。

3. 目检

观察试管培养液中滤纸条有无被分解而透空的地方，如果滤纸上有空洞或滤纸边缘有破碎现象，表示厌氧纤维分解菌已被大量繁殖，如无，则继续培养。滤纸上常有黄、褐或黑色斑，滤纸条一摇动即破裂。

4. 镜检

无菌操作用接种环从发酵试管滤纸破碎处取菌液一环至载玻片上，涂片，固定，染色，并在油镜下观察并绘图（拍照）记录。

五、结果记录

1. 记录纤维素好氧分解和厌氧分解实验中，随着培养时间的拉长，滤纸呈现的变化情况。

2. 制片镜检观察中的实验观察结果，记录观察到的微生物形态，并初步判定其微生物种类及占比。

六、思考题

1. 在纤维素分解实验中，加滤纸的作用是什么？为什么滤纸会变色？
2. 在纤维素厌氧分解实验中，厌氧条件是怎样获得的？深层滤纸为何变色？
3. 结合学过的生物化学理论知识，阐述纤维素好氧分解过程，以及有哪些酶参与。
4. 结合已掌握的知识，设计“纤维素降解微生物的分离”实验方案。
5. 人是杂食动物，但为什么不能消化纤维素？

实验六　药物的体外抗菌活性实验

一、目的要求

1. 熟悉滤纸片扩散法测定药物体外抗菌活性的原理。
2. 掌握常用的药物体外抗菌活性的检测方法。
3. 了解几种抗菌药物对大肠杆菌的体外抗菌效果比较。

二、基本原理

随着临床上应用的抗菌药物日益增多，特别是许多广谱抗生素及新型抗生素在临床上的广泛应用，使细菌耐药性越发受人关注。其中肠杆菌属细菌是目前临床感染中最重要的病原菌，对抗生素的耐药性更为显著。细菌的耐药性是普遍存在的，细菌耐药性产生的原因是多方面的，一方面，就细菌本身而言，细菌有显著的适应性和惊人的多变性，适当地检测耐药菌株，了解细菌的耐药情况，对防止和延缓细菌耐药性的产生，控制病原菌特别是耐药菌株的播散和流行具有十分重要的意义。大肠杆菌和藤黄八叠球菌分别为革兰染色阴性菌和阳性菌，对生长条件要求不高，在普通培养基上即能良好生长。本实验选用大肠杆菌和藤黄八叠球菌作为试验菌，学习并掌握体外抗菌活性的检测方法，并对几种抗菌药物对试验菌的体外抗菌效果进行比较。

三、实验材料

1. 菌种

大肠杆菌（*Escherichia coli*），藤黄八叠球菌（*Sarcina lutea*）12h 牛肉膏蛋白胨培养液。

2. 培养基

牛肉膏蛋白胨培养基。

3. 药品和试剂

0.1%新洁尔灭，0.1%龙胆紫，2.5%碘液，0.85%氯化钠，100μg/mL 青霉素，100μg/mL 庆大霉素（定量称取或吸取对应质量或体积溶于蒸馏水，过滤除菌后使用，抗生素可配制成高浓度母液，再进行对应稀释）。

4. 仪器及其他材料

培养箱，干燥箱，灭菌器等，无菌平皿，无菌移液管，无菌滤纸片，接种环等。

四、操作步骤

1. 含菌平板的制备

用无菌移液管分别吸取大肠杆菌和藤黄八叠球菌 200μL 至无菌平皿中，每皿再加入15~20mL 已熔化并冷却至 50℃左右的牛肉膏蛋白胨培养基，混合均匀，制成含菌的平板，平放桌面上冷凝待用。

2. 加待检药液

用无菌镊子夹取无菌滤纸片，分别浸入 0.1%新洁尔灭、0.1%龙胆紫、2.5%碘液、0.85%氯化钠、100μg/mL 青霉素、100μg/mL 庆大霉素中，使得纸片将药液均匀吸净，后取出纸片并除去多余药液，贴在含菌平板（平板划扇分区）中，做好标记。

3. 培养

37℃正置培养 20h。

4. 结果观察

观察滤纸片周围的抑菌圈，用游标卡尺测量抑菌圈直径。纸片上的药液沿着琼脂向四周扩散，且对试验菌有抑制作用，经过一定时间培养后，就可在滤纸片周围形成不长菌的透明圈，透明圈越大，抑制效果越强。

五、结果记录

绘表记录滤纸片法测定的六种物质对大肠杆菌和藤黄八叠球菌的抑菌作用（表 3-6）。

表 3-6　六种物质对大肠杆菌和藤黄八叠球菌的抑菌作用

菌名	抑菌效果	0.1% 新洁尔灭	0.1% 龙胆紫	100μg/mL 青霉素	100μg/mL 庆大霉素	0.85% 氯化钠	2.5% 碘液
大肠杆菌	抑菌圈直径（mm）						
	效果评价						
藤黄八叠球菌	抑菌圈直径（mm）						
	效果评价						

六、思考题

1. 青霉素和庆大霉素对大肠杆菌和藤黄八叠球菌的抑制作用有何不同？请分析原理。
2. 根据实验总结影响药物体外抗菌试验的主要因素有哪些？有何应对举措？

实验七　抗生素效价的测定

一、目的要求

1. 熟悉管碟法测定抗生素效价的原理和方法。
2. 掌握二剂量法抗生素生物效价测定的操作方法。

二、基本原理

管碟法是目前抗生素效价测定的国际通用方法，它利用抗生素对特定的微生物具有抗菌活性的原理来测定抗生素效价。抗生素在含菌琼脂平板培养基中扩散渗透，比较标准品和检品二者对试验菌的抑菌圈大小来测定供试品的效价。在含有高度敏感性试验菌的琼脂平板上放置牛津杯，管内放入标准品和检品的溶液，经 16~18h 恒温培养，当抗生素在菌层培养基中扩散时，会形成抗生素浓度由高到低的自然梯度，即扩散中心浓度高而边缘浓度低。因此，当抗生素浓度达到或高于 MIC（最低抑制浓度）时，试验菌就被抑制而不能繁殖，从而呈现透明的无菌生长的区域，常呈圆形，称为抑菌圈。在一定范围内，抗生素浓度的对数值与抑菌圈直径呈线性关系，比较抗生素标准品与检品的抑菌圈大小，可计算出抗生素的效价。效价是衡量药物有效成分的一种尺度，效价的最小单位用 U 来表示，是根据国家抗生素标准品测定出来的。

常用的管碟法有：一剂量法、二剂量法、三剂量法。后二法已经列入《中国药典》（2020 版）。二剂量法系将抗生素标准品和供试品各稀释成一定浓度比例（2∶1 或 4∶1）的两种溶液，在同一平板上比较其抗药活性，再根据抗生素浓度对数和抑菌圈直径呈线性关系的原理来计算供试品效价。

取含菌层的双层平板培养基，每个平板表面放置 4 个小钢管，管内分别放入供试品高、低剂量和标准品高、低剂量溶液。先测量出四点的抑菌圈直径，按下列公式计算出检品的效价。

（1）第一步，求出 W 和 V　$W=(\mathrm{SH}+\mathrm{UH})-(\mathrm{SL}+\mathrm{UL})$

$V=(\mathrm{UH}+\mathrm{UL})-(\mathrm{SH}+\mathrm{SL})$

式中　SH——标准品高剂量溶液的抑菌圈直径（mm）

SL——标准品低剂量溶液的抑菌圈直径（mm）

UH——供试品高剂量溶液的抑菌圈直径（mm）

UL——供试品低剂量溶液的抑菌圈直径（mm）

（2）第二步，求出 θ　$\theta=D\cdot \mathrm{antilog}\,(IV/W)$

式中　θ——供试品和标准品的效价比

D——标准品高剂量与供试品高剂量之比，一般为 1

I——高低剂量之比的对数，即 log2 或 log4

（3）第三步，求出 Pr　$\mathrm{Pr}=\mathrm{Ar}\times\theta$

式中　Pr——供试品实际单位数

Ar——供试品标示量或估计单位

三、实验材料

1. 菌种

藤黄八叠球菌（*Sarcina lutea*）。

2. 培养基

牛肉膏蛋白胨培养基（分装至试管中，有每管 5mL、20mL 两个规格）。

3. 试剂

0. 2mol/L pH 为 6 的磷酸缓冲液（K_2HPO_4 0. 2g，$KH_2PO_4$0. 8g，蒸馏水 100mL），0. 85% NaCl 溶液，氨苄青霉素钠盐 1. 667U/mg（1U 即 1 国际单位，等于 0. 6μg）。

4. 仪器和其他材料

生化培养箱，离心机，显微镜、水浴锅等，牛津杯［内径（6. 0+0. 1）mm，外径（8. 0+0. 1）mm，高（10+0. 1）mm］，培养皿，试管，滴管，游标卡尺，移液管，镊子等材料。

四、操作步骤

1. 试验菌的准备

将藤黄八叠球菌接种于斜面培养基上，活化 2~3 代后，用无菌生理盐水将斜面洗下备用。

2. 青霉素标准液的准备

将氨苄青霉素标准品溶解在 0. 2mol/L pH 为 6 的磷酸缓冲液中，配制成高、低两种剂量（高低剂量浓度之比为 2∶1），试验待检品也相应配制成高、低两种剂量（高低剂量浓度之比为 2∶1）。

3. 双层平板的制作

将 5mL 和 20mL 的牛肉膏蛋白胨培养基熔化，冷却至 50~55℃，并放置在 50℃水浴锅中，保温备用。将 20mL 的牛肉膏蛋白胨培养基注入无菌平皿内，放置在实验台上凝固作为底层培养基。再在 5mL 牛肉膏蛋白胨培养基管中加入 0. 2mL 试验菌悬液，摇匀后注入平皿的底层培养基上，迅速摊平，放置水平实验台上凝固，制成含菌层。

注意：动作迅速，以防琼脂凝固，使含菌层无法铺平。

4. 效价的测定

在双层平板底部，对角注明 SH、SL、UH、UL，无菌操作用镊子将灭过菌的牛津杯小心垂直放置在这四个方位，四个方位等量距离。用无菌滴管往牛津杯中滴加标记对应的抗生素溶液，溶液加满牛津杯但不可外溢，4 个杯高度一致。将玻璃平皿皿盖换成无菌陶土盖，静置 20min 左右。

5. 培养

将制作好的平皿小心移至培养箱中，37℃培养 16~18h。

6. 观察结果和计算

取出培养平皿，换回玻璃平皿皿盖，夹出牛津杯，用游标卡尺量取抑菌圈直径，以 mm 为单位，代入公式计算出 Pr（供试品实际单位数）。

注意：①抑菌圈直径大小与抗生素浓度、培养基的厚度、抗生素的最低抑菌浓度、抗生素的扩散系数等相关，二剂量法测定抗生素效价要求抗生素标准品溶液高剂量的抑菌圈直径在 18~22mm。②游标卡尺测量时，眼睛视线应与刻度垂直。③要求抑菌圈直径圆整，卡尺测量时对每个抑菌圈进行垂直测量，且不同平板抑菌圈直径误差不超过 0. 1mm。

五、结果记录

将抑菌圈直径记录于表 3-7 中，根据公式计算出 Pr 值。

表 3-7 抑菌圈直径记录表

平皿编号	SH/mm	SL/mm	UH/mm	UL/mm
1				
2				
3				
平均值				

六、思考题

1. 在实际操作中，有哪些因素会影响抗生素效价的测定？有何应对举措可以避免？
2. 除了微生物法，抗生素效价测定还有哪些方法？与微生物法相比有何优缺点？

实验八　诱变育种筛选淀粉酶高产突变株

一、目的要求

1. 探究紫外线照射对微生物的诱变效应。
2. 掌握紫外线诱变育种获得高产淀粉酶的菌株的操作方法。

二、基本原理

用物理诱变、化学诱变和基因工程技术手段等诱导生物遗传特性发生变异，研究者再从变异群体中选择符合某种要求的个体，这就是诱变育种。本实验主要介绍紫外线诱变筛选淀粉酶高产突变株。紫外线照射可以在枯草芽孢杆菌的 DNA 上形成多个嘧啶二聚体，接着在 DNA 复制过程中这些异常会导致 DNA 复制出错。若有错误发生在淀粉酶基因内部，则会导致淀粉酶氨基酸序列变化，如果淀粉酶的空间结构发生变化，则有可能导致淀粉酶活性提高或降低，淀粉酶的透明圈也会随之变化。紫外诱变的微生物可以进行自我修复，通过光修复系统，细菌可以水解由于紫外线产生的嘧啶二聚体，将这种错误修复。故此，诱变过后需要在红光下操作，培养时也需避光培养。

三、实验材料

1. 菌种

产淀粉酶的枯草芽孢杆菌（*Bacillus subtilis*）。

2. 培养基

淀粉筛选培养基，发酵培养基（具体见第四章实验一）。

3. 仪器与其他材料

超净工作台，培养箱，磁力搅拌器等，无菌漏斗，玻璃珠，空白药敏纸片，移液管，涂布棒，平皿等。

四、操作步骤

1. 出发菌株的准备

无菌操作挑取高产淀粉酶的枯草芽孢杆菌至牛肉膏蛋白胨斜面培养基上，37℃培养 16~18h，活化 2~3 代。再用 0.85%生理盐水将枯草芽孢杆菌斜面洗下，用旋涡混合器将菌悬液良好混合均匀备用。

2. 紫外线诱变

打开超净工作台紫外灯，预热 20min；无菌移液管取 5mL 菌悬液放置在无菌平皿中（皿中放置一根无菌大头针），同样制作 5 份；将平皿放置在离紫外灯垂直距离 30cm 位置处的磁力搅拌器上，紫外照射 1min 后打开培养皿皿盖，开始正式紫外线照射，同时打开磁力搅拌器，调整至合适的搅拌转速，使大头针在菌悬液中旋转搅拌。对 5 份菌悬液分别进行紫外线照射处理 15s、30s、1min、2min 和 5min。

3. 诱变后涂布和培养

照射后，将处理后的菌悬液在黑暗中避光 30min，然后在红色灯光下进行 10 倍的梯度稀释，稀释至 10^{-6}；分别从 10^{-4}、10^{-5}、10^{-6}稀释度紫外处理液中各取 0.2mL 至淀粉筛选培养基平板上（预先准备好，并已凝固），涂布均匀，每个稀释度做 3 个重复，于 37℃ 培养箱中避光培养 24h 左右。

4. 高产菌株的初筛

观察菌落周围出现的透明圈大小，并测量菌落直径和透明圈直径，选择透明圈直径和菌落直径比值大的菌落，作为复筛菌株。如果肉眼无法清晰看到透明圈，可适当添加碘液以确定透明圈的大小和菌落大小的比例。

5. 高产淀粉酶菌株的复筛

（1）发酵　将初筛出来的菌株转移至斜面扩培（37℃ 培养 16~18h）；再从斜面培养物中挑取适量菌物接入发酵培养基中，于 200r/min 恒温摇床上 37℃ 培养 16~18h。

（2）分离　无菌操作下，将发酵液 12000r/min 离心 10min，收集上清液以待淀粉酶活性的测定。

（3）淀粉酶活性测定　取 10μL 初筛菌株的发酵上清液，滴于空白药敏纸片上，置于培养基上，在 30℃ 恒温培养箱放置 18~20h，以 3mg/mL 的淀粉酶标准酶液作为对照；测定样品和对照标准品的透明圈直径，并根据标准曲线进行修正；依据透明圈直径修正值，从标准曲线获取淀粉酶活性对数值，从而获得样品淀粉酶活性大小。通过对初筛菌株淀粉酶活性的比较，获得高产淀粉酶的复筛菌株（淀粉酶活性测定方法具体见第四章实验一）。

注意：紫外线对人体眼睛、皮肤等具有伤害，切勿在紫外灯下操作。

五、结果记录

列表说明高产淀粉酶菌株筛选过程和结果（表 3-8）。

表 3-8　高产淀粉酶菌株筛选结果　　单位：mm

菌株编号	初筛结果			复筛结果		
	菌落直径	透明圈直径	透明圈直径/菌落直径	菌落直径	透明圈直径	透明圈直径/菌落直径
1						
2						
…						

六、思考题

1. 请阐述紫外线诱变的作用机理，及具体实际操作中的注意事项。
2. 除了紫外线诱变育种，还有什么其他育种方法？请简单阐述。

第四章　微生物学应用型综合性实验

在学生具备了基本的实验技能的基础上，可开展应用型综合性实验，将微生物实验基础理论对接到应用研究。学生根据某一专题的目的要求，运用相关知识和技能，对实验材料、仪器设备、方法和步骤等进行设计并实施，最后对结果进行分析评价，这同时也是一个发现问题、解决问题的探究式学习过程，弥补了验证性实验的不足，学生成为学习的主体，教师从旁辅助指导。实验过程中，进一步加强了对学生的动手能力、创新能力、文献查阅能力、合作精神和安全意识等综合素质的培养。

应用型综合性实验的流程为：教师提出实验题目→学生分组查阅文献→设计、提交实验方案→教师审核实验设计方案→实验员提供相关试剂、材料和仪器→学生独立实验→整理数据撰写论文→实验报告和总结。由于微生物学实验课是一门专业基础实验课程，它以训练学生学习掌握微生物学实验的基本操作技能为主要教学目的，因此在确定实验题目时宜选择一个难易适中的题目，这不仅关系到综合性实验的成败，也关系到学生学习的成就感，专业学习的自信心。同时，应用型综合性实验微生物大实验有一定的连续性，结合微生物培养较为严格的时间限制，学生要利用课余时间来接种或看结果，因此实验内容和秩序安排需要精心策划。

以“土壤中淀粉酶产生菌的分离、鉴定和活性检测”实验为例，实验围绕从土壤中分离并筛选出一株淀粉酶活性较强的细菌，并对其进行培养和初步鉴定，要求学生以小组形式（一般 2~4 人为一组）自主查阅文献，设计实验方案，实验室提供相应的实验支持，包括并不仅限于药品试剂、相关玻璃器皿，以及灭菌、培养和无菌操作等相关实验设备。学生从培养基、无菌器皿等实验材料的准备开始，进行样品的采集、功能微生物的筛选及分离纯化、活性物质的检测、功能微生物的菌种鉴定（生理生化试验和形态观察）等，最后完成一个功能产品的开发。培养基的配制及灭菌技术、微生物的分离纯化技术、微生物多样性研究、微生物的显微镜观察技术、微生物的培养技术、微生物鉴定技术等微生物研究常用的方法和技能在整个研究性实验中得以强化训练。

应用型综合性实验能激发学生学思结合，勇于探索，解决工程实际问题的能力，培养团结协作、意志坚定、诚实守信等科学素养，可作为高于基础训练之上的自选强化模块，也可进行科学设计，将各个分散的验证性、操作性实验技能训练有机融合并予以执行，组合成一个完整的、系统的综合应用研究项目。各个实验之间既“独立”又“统一”，既能独立运行，又能系统地、有机地联系在一起，组成一个“有头有尾”、连续的综合实验。以“土壤中淀粉酶产生菌的分离、鉴定和活性检测”为例，采用分段进行的模式，32 学时实验课程教学组织被安排在不同的 12 个时间段，包含 1 次课前项目设计，10 次实验实践，1 次项目总结。这种设计不仅有利于学校的教学组织和实验室的教学秩序安排，同时学生通过项目设计、样品采集、实验材料规划与准备、实验开展以及实验中的生物安全规范操作等一系列细致工作，能有效训练学生研究微生物常用的方法与技能，通过研究项目的科学组织和活动，体会到科学研究的艰辛与乐趣。

以“土壤中淀粉酶产生菌的分离、鉴定和活性检测”为例应用研究型实验教学模式见表 4-1。

表 4-1　以“土壤中淀粉酶产生菌的分离、鉴定和活性检测”为例

	实验步骤	实验内容	教学手段	技能训练
项目准备	项目的设计、资料的收集（0 学时）	实验项目的提出、构思、设计	课前设计、线上方案沟通	文献查阅能力、自主学习能力
项目实施	实验准备工作（4 学时）	1. 培养基的制备及消毒灭菌 2. 实验材料的准备及灭菌	翻转课堂，线上教学（观看教学视频、实验演示视频，进行虚拟实验等），难点集中教学，课堂实践	培养基的制备技术、实验材料的包扎技术、各种灭菌技术（高压蒸汽灭菌技术、干热灭菌技术、过滤灭菌技术等）
	样品的采集、功能微生物的筛选及分离纯化（4 学时+2 学时）	1. 采集样品 2. 定向筛选特定功能微生物 3. 对筛选获得的功能微生物进行分离纯化，获得纯培养		微生物的定向筛选、微生物分离纯化技术、微生物的多样性研究
	功能微生物的复筛和活性检测（2 学时+3 学时）	1. 选择发酵培养基对纯化获得的功能微生物进行复筛 2. 活性检测，获得高产菌株		微生物的定向筛选、微生物分离纯化技术、微生物的多样性研究
	功能微生物的初步鉴定（3 学时+3 学时+3 学时+3 学时+3 学时）	对筛选获得的微生物进行初步菌种鉴定：包括细菌的形态观察、放线菌的形态观察、真菌的形态观察、微生物的大小测量和计数、细菌的生理生化反应和 API 鉴定		显微镜观察技术（细菌革兰染色、细菌特殊结构的观察）、真菌的载玻片培养法和直接观察法、放线菌的插片法和印片法观察法、微生物的大小测定、微生物的直接计数、微生物的鉴定技术等
项目总结	“功能微生物的分离与鉴定”项目汇报（2 学时）	将实验结果进行整理和总结，形成“功能微生物的分离与鉴定”研究小论文	小组集中教学汇报	归纳总结和实验结果分析能力、图表处理和图表绘制能力、规范论文写作能力、计算机应用能力等

应用型综合性实验研究将单个技能训练或单个知识点验证的小实验串联成一个与专业有关的综合性项目，学生从实验材料器皿的准备、培养基的配制以及样品的采集开始，进行活性物质的分离和鉴定，完成整个产品的筛选分离或检验过程研究。实验有一定的连续性和系统性，增强教学实验的趣味性和学生的参与热情，从而启发、提高学生潜在的创造力，学生能够掌握系统的微生物学实验技术，就可以更好地激发学生做好实验和学习好微生物学的兴趣。通过分组实验和课堂讨论，培养学生的团队意识和组织能力，能够在团队合作中进行职能分工与相互协作，承担成员及负责人的不同角色，合理处理个人与团队的关系，并促进整个实验的顺利完成。引导学生养成实事求是、严肃认真的科学态度，树立不剽窃、抄袭他人学术成果，不伪造、篡改实验数据，诚信学习、诚信实验的科学观念。培养学生勤俭节约、爱护公物的良好作风，提高学生的科学素养及勤于实践的进取精神。

实验一　土壤中淀粉酶产生菌的分离、鉴定和活性检测

一、目的要求

1. 熟练应用微生物分离纯化技术、接种技术及培养技术等基本实验技术。
2. 学习与掌握从土壤中筛选淀粉酶产生菌株的方法。
3. 学习与掌握淀粉酶活性的测定方法。

二、基本原理

从自然界分离筛选微生物菌种，是获得优良菌种最基本、最主要的方法。土壤中含有大量的微生物，将土壤稀释液涂在不同类型的培养基上，适宜温度下培养若干天，各式各样的微生物能在平板上生长繁殖，形成菌落。产淀粉酶的微生物在以可溶性淀粉为底物配制的固体培养基上生长，其菌落周围的培养基会由白色变成灰色且透明，形成透明圈，依据淀粉遇碘呈现蓝色，可以更利于透明圈直径的测量。在一定的浓度范围内，透明圈的直径与淀粉酶活性的大小（对数值）成正比。以已知浓度的淀粉酶为对照，制作透明圈与淀粉酶活性标准曲线。从样品的透明圈直径大小可在标准曲线上求得其淀粉酶活性大小。方法直接简便，不需要特殊设备，但实验行为容易造成较大的误差，该方法更适用于大范围的初筛。

通过这种简单的分离方法，筛选出产淀粉酶的活性菌株，对初筛获得菌株需要进行进一步的分离纯化，获得具有产淀粉酶活性的单菌落；通过发酵培养基的发酵培养，以及对发酵液中淀粉酶活性的检测及比较，复筛获得高产淀粉酶的菌株。最后对复筛得到的高产淀粉酶菌株进行初步鉴定。

三、实验材料

1. 土壤样品

采集果园或菜园的土壤。

2. 培养基

筛选培养基：可溶性淀粉 2g，牛肉膏 5g，蛋白胨 10g，NaCl 5g，琼脂粉 20g，水 1000mL 溶解，pH 7.0～7.2，121℃灭菌 20min。

斜面培养基：筛选培养基分装至试管中，制成斜面，即为斜面培养基。

种子培养基：可溶性淀粉 1g，牛肉膏 5g，蛋白胨 10g，NaCl 5g，琼脂粉 20g，水 1000mL 溶解，pH 7.0～7.2，装液量 30mL/250mL 锥形瓶，八层纱布包扎，121℃灭菌 20min。

发酵培养基：玉米粉 20g，黄豆饼粉 15g，$CaCl_2$ 0.2g，$MgSO_4$ 0.2g，NaCl 2.5g，K_2HPO_4 2g，柠檬酸钠 2g，硫酸铵 0.75g（溶解后加），Na_2HPO_4 2g，水 1000mL，调 pH 至 7.0～7.2，

装液量 30mL/250mL 锥形瓶，八层纱布包扎，121℃灭菌 20min。

3. 药品和试剂

淀粉酶标准品（5000 活力单位/g），卢戈碘液。

4. 仪器及其他材料

超净工作台，恒温培养箱，摇床，离心机，移液器，接种环，酒精灯，记号笔，无菌空白药敏纸片，移液管，淀粉酶标准品，尺，小试管，容量瓶，离心机等。

四、操作步骤

（一）培养基和试剂的配制以及其他实验材料的准备

根据实验技术路线，配制实验所需的培养基和淀粉酶标准液，并对有无菌要求的实验材料进行包扎和灭菌。

（二）土壤中淀粉酶产生菌的分离

刨去果园或菜园土层表面浮土，采集土壤 10g，记录取样地点、日期和环境情况。对土样进行十倍梯度稀释制成土壤稀释液（土壤稀释方法见第二章实验二十），选择适宜浓度的土壤稀释液涂在筛选培养基上，30℃培养箱中进行培养，各式各样的菌落在平板上生长。将卢戈碘液加入平板中，在周围形成透明圈的菌落即为可产淀粉酶的微生物。

（三）淀粉酶产生菌初筛菌株的纯化

从微生物群体中经分离、生长，在平板上形成菌落，不一定是单个细胞生长繁殖而成的，有的可能来自 2 个或者多个细胞。因此，初筛获得的透明圈直径和菌落直径两者比值较大的产淀粉酶菌株需要进行 2~3 次的划线分离纯化。检查其菌落特征是否一致，同时将细胞涂片染色后用显微镜检查个体形态特征是否为单一的微生物细胞，确定其纯培养。

（四）淀粉酶活性检测和淀粉酶产生菌的复筛

1. 标准曲线的制作

称取一定量的淀粉酶，溶于无菌水中，配制成一定浓度的母液；取干净的容量瓶，编号，将淀粉酶溶液稀释成 1、2、3、4、5mg/mL；取 10μL 不同浓度的淀粉酶标准液，滴于无菌药敏纸片上，置于倒有淀粉筛选培养基的平板上，每副培养皿中均匀放置纸片 4 张，每副平板放置两个浓度加酶液纸片（由 3mg/mL 与其他浓度的组合），在 30℃恒温培养箱中培养 18~20h；测量不同酶液浓度的透明圈直径，对数据进行处理，用 3mg/mL 酶液的透明圈平均直径进行修正其他各浓度数据；以淀粉酶活性对数值（将淀粉酶浓度换算成酶活性大小）为纵坐标，透明圈直径为横坐标，绘制标准曲线。

2. 样品淀粉酶活性测定（滤纸片法）

（1）菌株活化　将初筛获得的并经过纯化的淀粉酶产生菌接入新鲜斜面培养基，30℃培养 1~2d，可根据初筛菌生长情况适当延长培养时间。将活化好的菌种由斜面培养基转接入盛有 30mL 种子培养基的锥形瓶内，于转速 200r/min 30℃培养 18h。

（2）发酵　吸取培养好的种子液 3mL，接入发酵培养基（接种量为 10%），于 200r/min 恒温摇床上 30℃培养 24h。

（3）分离　无菌操作下，将发酵液 12000r/min 离心 10min，收集上清液以待淀粉酶活性的测定。

（4）测定和复筛　取 10μL 淀粉酶产生菌的发酵上清液，滴于空白药敏纸片上，置于筛选培养基平板上，在 30℃恒温培养箱放置 18~20h，以 3mg/mL 的淀粉酶标准酶液作为对照；测定样品和对照标准品的透明圈直径，并根据标准曲线进行修正；依据透明圈直径修正值，从标准曲线获取淀粉酶活性对数值，从而获得样品淀粉酶活性大小。通过对初筛菌株淀粉酶活性的比较，获得高产淀粉酶的菌株，完成复筛结果。

（五）淀粉酶产生菌的鉴定

对复筛得到的高产淀粉酶菌株进行初步鉴定。

1. 观察其菌落特征

包含形状和大小，表面，边缘，隆起形状，透明度，菌落及培养基的颜色，黏度和气味等。

2. 用显微镜镜检其个体形态特征

包括形状、大小、革兰染色特征、是否有芽孢等特殊结构等。

3. 生理生化试验

根据筛选获得的淀粉酶产生菌特征，制定试验方案并进行相应的生理生化试验。

五、结果记录

1. 记录不同浓度淀粉酶标准液的透明圈直径，对数据进行规范处理，以淀粉酶活性对数值为横坐标，透明圈直径为纵坐标，绘制标准曲线。

2. 记录本实验共获得多少株淀粉酶产生菌，列表记录其复筛结果。

3. 对复筛得到的高产淀粉酶菌株的菌落特征、个体形态和生理生化试验结果进行记录和分析，对复筛菌株做初步的菌种判定。

4. 对全体同学筛选获得的淀粉酶产生菌进行数据收集整理，就淀粉酶产生菌的主要来源是哪种微生物、有何明显的特征等调研问题制成数据调研报告。

六、思考题

1. 本实验筛选到的淀粉酶产生菌多为细菌，也有少部分霉菌，如何确保分离到的均为细菌，本实验针对此点可以在哪方面进一步改进？
2. 依照本实验所学到的科学思路，思考如何从自然环境中筛选蛋白酶或脂肪酶产生菌，并设计一条“土壤中蛋白酶（脂肪酶）产生菌的分离与鉴定”技术路线。

七、拓展资源

微课“土壤中淀粉酶产生菌的分离、鉴定和活性检测”。

土壤中淀粉酶产生菌的
分离、鉴定和活性检测

实验二　土壤中抗生素产生菌的分离与纯化

一、目的要求

1. 熟练应用微生物分离纯化技术、接种技术及培养技术等基本实验技术。
2. 学习与掌握从土壤中分离纯化放线菌的基本原理和方法。
3. 了解产抗生素放线菌的抗菌活性测定方法。

二、基本原理

放线菌是一类具有丝状分枝的单细胞，主要以外生孢子的形式繁殖，革兰阳性菌，与细菌同属原核微生物。放线菌对人类最突出的贡献就是它能产生大量的、种类繁多的抗生素。同时，放线菌还是酶类、维生素的生产菌；有的放线菌有固氮能力；放线菌在自然界物质循环中也起着重要作用，由于它们具有较强的分解复杂有机物的能力，对于土壤肥力的提高也有重要作用。放线菌一般在含水量较低、有机物丰富、呈微碱性的土壤中含量较多，估计每克土壤中约含放线菌孢子 10^7个。本实验以从土壤中筛选能产生抗生素的放线菌为主要目的。要获得产抗生素放线菌的纯培养，一般需选用合成培养基，且在培养基中加入抑制剂，减少细菌和霉菌出现的数量，增加获得放线菌的可能性。

三、实验材料

1. 土壤样品

干燥的校园土。

2. 指示菌

金黄色葡萄球菌（*Staphylococcus aureus*）或大肠杆菌（*Escherichia coli*）。

3. 培养基和试剂

高氏一号培养基（添加 25～50U/mL 的链霉素和 50U/mL 的制霉菌素），牛肉膏蛋白胨培养基，无菌生理盐水。

4. 仪器及其他材料

超净工作台，恒温培养箱，高压灭菌器，摇床，接种环，酒精灯，药敏纸片，移液管，尺等。

四、操作步骤

（一）培养基和试剂的配制以及其他材料的准备

根据实验技术路线，配制实验所需的牛肉膏蛋白胨培养基、高氏一号固体培养基、高氏一号液体培养基（250mL 锥形瓶中装液量为 30mL），并对需要无菌处理的实验材料进行包扎和灭菌。

（二）土壤中放线菌的分离与纯化

刨去土层表面浮土，采集土壤10g，记录取样地点、日期和环境情况。对土样进行十倍梯度稀释制备成不同浓度的土壤稀释液。取事先倒好并已凝固的高氏一号无菌琼脂平板，选择适宜浓度的土壤稀释液涂布在平板上，28℃培养箱中倒置培养7d左右，各式各样的菌落在平板上生长（具体方法参见第二章实验二十）。

挑取平板上生长成熟的放线菌单菌落，划线接种于高氏一号琼脂平板上，28℃培养箱中倒置培养7d左右，进行分离纯化，获得放线菌的纯培养菌株。后期也可将单菌落挑取接种到高氏一号斜面培养基中，培养成熟后，做好标记，在4℃冰箱中进行保存。

（三）抗生素产生菌的筛选

1. 混菌平板的制备

在空白无菌平皿中加入培养16~18h的金黄色葡萄球菌或大肠杆菌菌悬液0.2mL，倒入已熔化并冷却至50℃左右的牛肉膏蛋白胨培养基15~20mL于平皿中，迅速旋转使其混合均匀，制成混菌平板。

2. 拮抗放线菌的初筛

在混菌平板表面上均匀放置分离纯化获得的放线菌琼脂块（$1cm^2$），每副平板可放置5个琼脂块，其中需选用一个已知具有抗菌能力的放线菌琼脂块作为阳性对照。37℃培养箱中正置培养1~2d。放线菌琼脂块周围出现不长菌的抑菌圈，则表明该放线菌对指示菌有拮抗作用。

（四）抗菌活性的测定

1. 放线菌的发酵培养

将筛选获得的拮抗性放线菌分别接种于高氏一号液体培养基中，28℃恒温培养摇床中200r/min振荡培养7d。

2. 发酵液过滤

发酵液于12000r/min离心除菌，也可用过滤除菌技术，取离心上清液或过滤滤液用于抗菌活性测定。

3. 抗菌活性的测定和拮抗性放线菌的复筛

（1）双层平板的制作　将10mL牛肉膏蛋白胨培养基熔化加入无菌平皿中，铺平，冷却凝固，作为底层平板。取培养16~18h的金黄色葡萄球菌或大肠杆菌菌悬液2~200mL熔化并冷却至50~55℃的牛肉膏蛋白胨培养基中，混匀，立即吸取10mL加入底层平板上，铺平，制成双层平板。

（2）活性测定　取10μL拮抗性放线菌发酵液离心上清液或过滤滤液，滴于无菌空白药敏纸片上，再轻柔地将纸片放置于双层平板上，每幅培养皿中均匀放置纸片4张，37℃培养箱中正置培养1~2d。

（3）观察并测量　观察实验结果，并测量抑菌圈直径，判断菌株产抗生素的能力。

（4）抑菌谱实验　按上述方法进行操作，将筛选获得的抗生素对各指示菌（大肠杆菌、枯草芽孢杆菌、金黄色葡萄球菌、酿酒酵母、黑曲霉等）进行抑菌活性检测。

五、结果记录

1. 列表记录各稀释度平板中放线菌分离纯化的结果，并描述放线菌菌落特征。
2. 本实验共获得多少株产抗生素的放线菌，列表记录其初筛和复筛结果。
3. 列表记录筛选获得的拮抗性放线菌的抑菌谱实验结果。

六、思考题

请设计一条拮抗黄瓜枯萎病、水稻纹枯病等的放线菌的筛选方案。

实验三　食品中防腐剂乳酸菌素产生菌的分离与鉴定

一、目的要求

1. 熟练应用微生物分离纯化技术、接种技术及培养技术等基本实验技术。
2. 学习和掌握从样品中筛选乳酸菌的方法。
3. 学习和掌握牛津杯定量扩散法筛选的原理和实验技能。

二、基本原理

乳酸菌素是乳酸菌产生的一种细菌素，具有良好的食品防腐功能，是世界上公认的食品安全防腐剂，被广泛应用到食品（乳制品、肉制品、果汁饮料、啤酒、罐装食品等）防腐工艺中，可以防止食品中某些腐败菌和病原菌的生长。乳酸菌的分离可以采用溴甲酚绿牛乳营养琼脂平板分离法，溴甲酚绿指示剂在酸性环境中呈黄色，在碱性环境中呈蓝色。分离培养基（pH 6.8）中加入溴甲酚绿指示剂后呈蓝绿色，乳酸菌在该培养基中生长并分解乳糖，产生乳酸，使菌落呈黄色，菌落周围的培养基也变为黄色。因此本实验在筛选过程中通过选取能够使溴甲酚绿变色的菌落来分离乳酸菌。乳酸菌的基本特征：革兰染色阳性，无芽孢，接触酶反应阴性，消耗糖产生乳酸等。

三、实验材料

1. 样品

牛乳、酸乳或酸菜。

2. 指示菌

金黄色葡萄球菌（*Staphylococcus aureus*）或大肠杆菌（*Escherichia coli*）。

3. 培养基

MRS 培养基：牛肉膏 10g，蛋白胨 10g，酵母粉 5g，乙酸钠 5g，柠檬酸二铵 2g，K_2HPO_4 2g，葡萄糖 20g，吐温 80 1mL，$MgSO_4 \cdot 7H_2O$ 0.58g，$MnSO_4 \cdot 4H_2O$ 0.25g，琼脂 15~20g，蒸馏水 1000mL，调 pH 至 6.2~6.4，121℃灭菌 15min。

乳酸菌分离培养基：在 1000mL 的 MRS 培养基中加入 1.6%的溴甲酚绿乙醇溶液 1.4mL（称取 1.6g 的溴甲酚绿，将其用乙醇溶液溶解并定容至 100mL）。

营养琼脂培养基：牛肉膏 5g，蛋白胨 10g，NaCl 5g，调 pH 7.2~7.4，121℃灭菌 20min。

鉴定培养基：糖发酵培养基等。

4. 仪器及其他材料

超净工作台，恒温培养箱，高压灭菌器，摇床，冷冻高速离心机，电子天平，移液器，接种环，酒精灯，记号笔，牛津杯，移液管，尺，小试管，容量瓶等。

四、操作步骤

（一）培养基和试剂的配制以及实验材料的准备

根据实验需要，配制实验所需的培养基和试剂，并对有无菌要求的实验材料进行包扎和灭菌。

（二）乳酸菌素产生菌的分离

将实验样品用无菌水稀释后，按适当的稀释倍数进行梯度稀释，分别吸取0.2mL在分离培养基（含溴甲酚绿乙醇溶液的MRS培养基）上进行涂布分离，37℃培养箱中培养48h。观察菌落生长情况，挑取使溴甲酚绿变色的菌落，进行划线分离纯化，分离2~3次，挑选单菌落至MRS固体斜面保存。

（三）乳酸菌素产生菌的复筛

初筛获得的菌株经革兰染色镜检和细胞形态观察，将革兰染色阳性菌接入MRS液体培养基中，37℃静置培养48h，取10mL发酵液进行离心（4℃，10000r/min离心20min），对上清液进行纸层析（展开剂为正丁醇：甲酸：水=80：15：5，以0.03%的溴酚蓝为显色剂），鉴定发酵液中的有机酸种类，挑选能产生乳酸的乳酸菌。

（四）乳酸菌素活性的测定

挑选能产生乳酸的乳酸菌，采用牛津杯定量扩散法测定其发酵液中乳酸菌素的活性，挑取其中活性高的菌株。

1. 指示菌平板制作

选用9cm直径平皿，将0.2mL适当稀释的金黄色葡萄球菌培养物（37℃恒温振荡器200r/min培养18h左右）与15mL熔化且冷却至50℃左右的营养琼脂培养基混匀。

2. 加入发酵上清液

待琼脂凝固后，用无菌镊子轻轻地将无菌牛津杯对称均匀地放置于平板上。静置5min后，吸取发酵液上清液加入牛津杯小孔中，溶液加满牛津杯但不可外溢，4个杯高度一致。

3. 培养

37℃培养箱中培养24~48h，观察并测定抑菌圈直径，并以此表示乳酸菌素的活性。挑选抑菌圈直径大的菌落，抑菌圈大小与乳酸菌素活性强弱呈正相关。

（五）乳酸菌素产生菌的鉴定

对复筛得到的，具有高活性的乳酸菌素产生菌进行菌种鉴定。

1. 观察其菌落特征

包含形状和大小，表面，边缘，隆起形状，透明度，菌落及培养基的颜色，黏度和气味等。

2. 用显微镜镜检其个体形态特征

包括形状、大小、革兰染色特征、是否有芽孢等特殊结构等。

3. 生理生化试验

结合个体形态特征结果，查阅《伯杰氏细菌鉴定手册》《常见细菌系统鉴定手册》中的革兰阳性菌株的生理生化指标进行相应设计，进行接触酶反应试验、糖发酵试验、甲基红试验、明胶液化试验、吲哚试验等方面生理生化试验。

（六）乳酸菌素抑菌谱

按上述方法进行操作，将筛选获得的乳酸菌素溶液对各指示菌（大肠杆菌、枯草芽孢杆菌、金黄色葡萄球菌、酿酒酵母、黑曲霉等）进行抑菌活性检测。

注意：菌种分离与筛选的步骤一般包括标本采集、标本材料的预处理、富集培养、菌种初筛、菌种复筛、性能鉴定、菌种保藏七个步骤。

五、结果记录

记录本实验共获得多少株乳酸菌素产生菌，列表记录其复筛结果。列表并文字描述筛选获得的乳酸菌素抑菌谱及其抑制能力。

六、思考题

1. 实验的关键步骤是什么？
2. 绘制实验技术路线流程图。
3. 研究中是否能实现定向分离乳酸菌素产生菌，有没有哪些地方需要进一步改进？

实验四　土壤中农药降解菌的分离、鉴定和活性检测

一、目的要求

1. 识别并筛选具有农药降解能力的微生物菌株。
2. 了解农药降解菌的种类和活性。

二、基本原理

农业领域中，有机磷类化学品普遍使用，可能直接或间接影响人类健康，同时导致诸如土壤污染、水资源污染和生物多样性减少等环境问题。鉴于我国农业地位的重要性，许多地区依然广泛运用有机磷类物质，特别是在粮食和蔬菜生产环节。解决有机磷类物质对环境和人体健康的负面影响，已经成为关乎人类福祉和国家经济进步的重要议题，因此，寻求环保、可持续的解决方案变得尤为关键。

生物修复技术在无毒性、无残留物和零二次污染方面具有优势，被视为处理有机磷污染的理想选择。利用生物体或生物制品分解有机磷类化学品，既安全、高效又具有经济效益。此外，生物修复对减缓环境负担、保护生态系统及确保人类健康具有深远意义。

初始混合样本包含各类微生物群落，其中部分可能对有机磷类物质具备降解能力。然而，对于某些微生物，采用传统的划线或稀释平板法进行分离颇具挑战性。为解决这一问题，研究人员运用了富集培养技术。该方法从混合微生物群出发，逐步提高特定微生物种群比例，达到纯培养目的。

例如，在有利于目标微生物生长而不利于其他微生物生长的条件下进行培养，使目标微生物具有竞争优势，从而实现纯培养。本研究通过连续富集培养法分离降解化学农药的微生物。将化学农药作为唯一碳源进行富集培养，进行多次传代培养。同时，在每次转移过程中逐步提高化学农药浓度，以获取具有降解化学农药优势的菌株。

实验利用分光光度法对磷浓度进行测量。这种方法在精确性、重复性和选择性方面具有很好的表现，非常适合用于定量分析，并在一定程度上有助于定性识别。这个方法的核心原理是将有机磷转换为无机磷酸盐，以便于评估农药中的磷含量。在完成转换后，将指定的显色剂加入溶液中形成磷钼蓝。然后，在最大吸收波长处对吸光度进行测量，进而利用标准曲线推算出磷浓度。通过这种方法，可以方便地对环境样品中的磷含量进行评估，有助于了解农药污染对环境的影响。此外，分光光度法还可应用于评估生物降解农药过程中磷的释放情况，为生物修复技术提供更多信息。

实验还采用16S rDNA鉴定技术，对微生物进行初步菌种鉴定。这种鉴定方法基于细菌16S核糖体DNA序列，可以快速有效地识别细菌种类。

三、实验材料

1. 样品

氧化乐果，受污染的土壤样品。

2. 培养基

LB 培养基：胰蛋白胨 10g，酵母提取物 5g，NaCl 10g，pH 7.0，水 1000mL，121℃ 灭菌 20min。

富集培养基：LB 培养基中加入氧化乐果 200~1000mg/L。

基本培养基：葡萄糖 5.0g，KH_2PO_4 0.5g，K_2HPO_4 0.5g，NaCl 0.2g，$MgSO_4 \cdot 7H_2O$ 0.2g，$CaCl_2$ 0.1g，蒸馏水 1000mL，pH 7.0。

3. 试剂和溶液

分离筛选的培养至对数生长期的菌体细胞、Taq 酶、dNTPs、琼脂糖、16S rDNA 通用引物。

硫酸溶液：将分析纯硫酸（密度 1.84g/mL）和蒸馏水 1∶1 体积比混合。

盐酸溶液：将分析盐酸和蒸馏水 1∶1 体积比混合。

0.5mol/L 硫酸溶液：将 27mL 分析纯硫酸（密度 1.84g/mL）加入 973mL 水中。

浓硝酸：密度为 1.4g/mL。

1mol/L 氢氧化钠溶液：将 40g 氢氧化钠（NaOH）溶于水并稀释至 1000mL。

磷标准储备溶液：称取 0.2197g 于 110℃ 干燥 2h 在干燥器中放冷的磷酸二氢钾（KH_2PO_4），用水溶解后转移到 1000mL 容量瓶中，加入大约 800mL 水，加 5mL 硫酸溶液，然后用水稀释至标线，混匀。1.00mL 此标准溶液含 50.0μg 磷。本溶液在玻璃瓶中可贮存至少六个月。

磷标准使用溶液，将 10.00mL 磷标准储备溶液转移至 250mL 容量瓶中，用水稀释至标线并混匀。1.00mL 此标准溶液含 2.0μg 磷。使用当天配制。

抗坏血酸溶液（100g/L）：将 10g 抗坏血酸（$C_6H_8O_6$）溶于水中，并稀释至 100mL。此溶液贮于棕色的试剂瓶中，在冷处可稳定几周，如不变色可长时间使用。

钼酸铵显色液：将 13g 钼酸铵［$(NH_4)_6Mo_7O_{24} \cdot 4H_2O$］溶于 100mL 水中，将 0.35g 酒石酸锑钾［$K(SbO)C_4H_4O_6 \cdot 1/2H_2O$］溶于 100mL 水中。在不断搅拌下分别把上述钼酸铵溶液、酒石酸梯钾溶液徐徐加入 300mL 硫酸溶液中，混合均匀。此溶液贮存于棕色瓶中，在冷处可保存三个月。

酚酞溶液（10g/L）：将 0.5g 酚酞溶于 50mL 95%的乙醇中。

高氯酸：优级纯，密度为 1.68g/mL。

4. 仪器与其他材料

恒温摇床，移液器，水浴锅，离心机，电泳仪，紫外成像仪，分光光度计等仪器，及接种环，涂布棒，移液器，无菌枪头，1.5mL 离心管，无菌牙签，电泳槽等材料。

四、操作步骤

（一）培养基和试剂的配制以及实验材料的准备

按实验需要配制培养基和试剂，并对有无菌要求的实验材料进行包扎和灭菌。

（二）农药降解菌的富集

将 2.0g 常用氧化乐果处理的菜地土壤（或 5g 来自氧化乐果制造工厂废水处理系统的活性污泥）加入 100mL 富集培养液（氧化乐果浓度 200mg/L）中，在 30℃、180r/min 的摇床中孵育 7d。接下来每 7 天，将 10% 的培养物转移到新鲜富集培养液中，同时逐步提升氧化乐果含量，直至达到 1000mg/L 的浓度。然后切换至基本培养液，每 1～2 周进行一次传代，维持氧化乐果浓度在 1000mg/L。在经过不少于 2 周的适应阶段后，在含有 200mg/L 氧化乐果的基本培养液上应用平板划线技术分离好氧降解微生物。通过驯化过程，筛选出的微生物适应了较高浓度的氧化乐果环境，进一步研究这些微生物的降解机制和途径，有助于优化生物修复技术。

（三）农药降解菌的分离纯化

1. 标注

每人取无菌培养皿 1 副，在培养皿底部贴上标签或标注。

2. 倒平板

取已熔化的含有 200mg/L 氧化乐果的基本培养基，倒入平皿，制成平板。

3. 挑菌落

挑取单菌落，进行划线分离，30℃倒置培养。

4. 观察与记录

待菌苔长出后，检查其特征是否一致，同时将细胞涂片染色后用显微镜检查是否为单一的微生物细胞，并转接至 LB 培养基中，培养至成熟，待用。

（四）农药降解菌的 16Sr DNA 鉴定

1. 菌落 PCR 扩增细菌 16S rDNA

扩增体系见表 4-2。

表 4-2　扩增体系

试剂	体系
Tap 酶	12μL
ddH_2O	10μL
上游引物	1μL
下游引物	1μL
挑取少许菌体作为模板	1μL

反应程序见表 4-3。

表 4-3　反应程序

温度	时间
95℃预变性	3min

续表

温度	时间	
93℃变性	30s	31 个循环
56℃退火	1min	
72℃延伸	30s	
72℃彻底延伸	10min	
4℃保存	—	

2. 电泳

用浓度为 1%的琼脂糖凝胶电泳鉴定 PCR 产物的大小是否正确（条带位置在 1.5kb 左右）。

3. 测序

填写测定单，送公司测序。

4. 序列比对、 分析及系统进化树的构建

拿到测序结果后，利用 NCBI、RDP 等数据库对序列进行初步比对，再从数据库中下载相近的模式菌株序列，使用软件 MEGA 进行多序列比对分析后构建系统发育树，确定细菌的种类。最后将序列提交到 NCBI 数据库中并获得登录号。

(五) 降解性能分析

经初筛得到的菌种，用无菌水稀释成菌悬液。在液体培养基中加入 1000mg/L 氧化乐果，将初筛的菌种接种其中，置于 30℃，180r/min 的摇床中培养 3d 后，分别取样测定培养前后培养液中的无机磷及总磷含量，并计算出菌种对有机磷农药的降解率（以不接菌的培养基作为对照）。具体操作如下：

1. 确定测量波长和制作标准曲线

在两只 50mL 容量瓶中分别加入 0 和 5mL 的磷标准液使用溶液，再分别加入 1mL 抗坏血酸溶液，30s 后加入 2mL 钼酸铵显色液并用水稀释至 50mL 备用。随后，以空白试剂为参比，在波长 400~800nm 进行全波长扫描，以确定该溶液的最大吸收峰所在波长，并用作本实验的测定波长。

分别取 0，0.5，1.0，1.5，2，2.5mL 的磷标准使用溶液于 50mL 容量瓶中，并依次补足水至 50mL，即得含量分别为 0，0.5，1.0，1.5，2，2.5mg 的磷系列稀释液。以 0 号管（空白对照）作参比，使用分光光度计于 700nm 波长处测其吸光度，并以磷浓度（c）为横坐标，吸光度（A）为纵坐标作标准曲线。

2. 无机磷样品处理

取 25mL 菌液置于 100mL 容量瓶中，加 10mL 盐酸溶液，再加入浓硝酸数滴，随后加入 30mL 水后再加入 2 滴酚酞，用 NaOH 溶液滴至淡红色，再加 0.5mol/L 硫酸溶液使微红正好褪去，用水稀释至 100mL，摇匀，过滤，为试样分解液，用于测定无机磷含量。

3. 总磷样品的处理

取 25mL 菌液于锥形瓶中，加数粒玻璃珠，加 2mL 硝酸在电热板上加热浓缩至 10mL。冷后加 5mL 浓硝酸，再加热浓缩至 10mL，冷却。然后再加 3mL 高氯酸，加热至高氯酸冒白

烟，此时可在锥形瓶上加小漏斗或调节电热板温度，使消解液在瓶内壁保持回流状态，直至剩下3~4mL，冷却。加水10mL，加1滴酚酞指示剂，滴加氢氧化钠溶液至刚好呈微红色，再滴加0.5mol/L硫酸溶液使微红刚好褪去，充分混匀，将溶液转移至100mL容量瓶，定容，为试样分解液，用于测定总磷含量。

4. 测定方法

准确移取试样分解液10mL于50mL容量瓶中，加1mL抗坏血酸，30s后加钼酸铵显色液2mL，用水稀释至50mL，混匀，静置20min，以空白试剂为参比，于700nm波长处测其吸光度，标准曲线上查出磷含量。

5. 降解率的计算

$$有机磷农药降解率=(m_2-m_1)/m_1\times100\%$$

式中　m_2 和 m_1——培养前后有机磷含量

$$有机磷(g/L)=总磷-无机磷$$

五、结果记录

1. 根据测序结果，利用NCBI和生物信息学软件分析判定所分离的细菌种类。
2. 被测菌株的有机磷农药降解率是多少？

六、思考题

1. 举例说说还有哪些常用的序列比对数据库。
2. 请列举至少三种常见的农药降解菌属，以及它们降解农药的一般途径和机制。
3. 请讨论农药降解菌在生物修复和生物降解领域的潜在应用和发展前景。

实验五　水中细菌总数的检测和总大肠菌群的测定

一、目的要求

1. 了解菌落总数测定原理，掌握菌落总数的测定方法。
2. 学习不同来源水质总大肠菌群的检测方法。
3. 了解并掌握总大肠菌群的存在和数量对饮用水质量和人畜健康的重要性。

二、基本原理

大肠菌群主要由需氧和兼性厌氧的革兰染色阴性无芽孢杆菌组成，如埃希菌属、柠檬酸细菌属、肠细菌属和克雷伯菌属。这些菌群在肠道中非常普遍且数量众多。它们可以通过发酵乳糖产生酸和气体，使得其与其他肠道菌易于区分。大肠菌群是衡量水源受人畜粪便污染程度的关键指标，通常作为水质受粪便污染的警示菌。除大肠菌群外，细菌总数也是评价水质污染水平的重要标准。

自来水的微生物学测试在确保饮水安全和预防传染病方面具有显著作用。根据中国的《生活饮用水卫生标准》（GB 5749—2022），水样中的菌落总数（CFU/mL，1mL 水样所含细菌总数）不得超过 100，而总大肠菌群数（MPN/100mL 或者 CFU/mL，MPN 表示大肠菌群的最近似数）必须为零。

鉴于水中存在众多类型的细菌，它们对生长环境和营养需求各不相同，因此很难找到一个培养基能在相同条件下满足所有细菌的生长需求。目前常用的培养基是牛肉膏蛋白胨琼脂培养基，通过菌落计数法进行细菌计数。水中大肠菌群的检测方法包括多管发酵法和滤膜法。多管发酵法适用于各种水样，但操作较为复杂且耗时。相比之下，滤膜法简便快捷，适用于杂质和大肠菌群较少的水样，例如自来水和深井水。然而，对于含有大量杂质且容易导致滤膜堵塞的水样，滤膜法并不适用。

三、实验材料

1. 待检水样

生活污水，自来水。

2. 培养基

乳糖蛋白胨培养液：蛋白胨 10g，牛肉膏 3g，乳糖 5g，NaCl 5g，溴甲酚紫乙醇溶液（16g/mL）1mL，水 1000mL，pH 7.0~7.2，每管 10mL，并倒置有一根德汉小管，115℃灭菌 20min。

2 倍或 3 倍浓缩乳糖蛋白胨培养液：按上述乳糖蛋白胨培养基浓缩 2 倍和 3 倍配制，每管 5mL，内放置德汉小倒管，115℃灭菌 20min。

伊红美蓝琼脂培养基：蛋白胨 10g，K_2HPO_4 2g，乳糖 10g，伊红水溶液（20g/L）

20mL，美蓝水溶液（5g/L）13mL，琼脂 20g，水 1000mL，pH 7.2（25℃），115℃灭菌 20min。

品红亚硫酸钠培养基（远藤氏培养基）：蛋白胨 10.0g，酵母浸粉 5.0g，牛肉浸粉 5.0g，乳糖 10.0g，磷酸氢二钾 3.5g，亚硫酸钠 5.0g，碱性品红 1.0g，琼脂 15.0g，pH 7.3±0.1（25℃），115℃灭菌 20min。

乳糖蛋白胨半固体培养基：蛋白胨 10g，酵母浸粉 5.0g，牛肉浸粉 5.0，乳糖 10g，琼脂 5g，水 1000mL，115℃灭菌 20min。

3. 仪器

无菌采水器（或无菌三角瓶），1mL 无菌移液管，9mL 无菌水，指形管，500mL 抽滤瓶，灭菌滤器，3 号滤膜（Φ0.45μm），抽气设备，灭菌无齿镊子，染色及镜检用物。

四、操作步骤

以自来水中菌落总数和大肠菌群数检测为实验对象，如果选择的水样相对较脏或受粪便污染较为严重，则应根据细菌状况进行 10 倍的连续稀释处理。

（一）自来水水样的采集和菌落总数的测定

1. 采样容器的准备与灭菌

在进行卫生细菌学实验之前，必须确保采样瓶已经彻底清洗干净并且瓶口用纱布包好，接着进行灭菌处理。在整个装运和储存过程中，要保持采样瓶无污染。考虑到自来水中可能含有余氯，在灭菌前，可先向采样瓶中加入 1.5%硫代硫酸钠溶液 2mL（针对每 500mL 水样），随后在 121℃下灭菌 20min，用来采样时消除水样中的余氯，防止其对细菌继续产生杀灭作用。

2. 水样采集

当采集自来水样时，应先用酒精灯或煤气灯对水龙头表面进行消毒，紧接着完全打开水龙头，放水 5~10min，以便清除管道内的长时间滞留水。对于经常使用的水龙头，放水 1~3min 后就可以进行采样。水样的采集量应约占瓶容量的 80%，以便在检测过程中能够充分摇晃，确保水样充分混合。

3. 水样混合

对采集到的水样进行强烈摇晃 10~15s，以确保样品均匀。

4. 添加样本

在无菌操作下，吸取 1mL 充分搅拌的水样，置入无菌平皿中。接着，加入已熔化并冷却至约 50℃的 15~20mL 营养琼脂培养基，迅速旋转平皿以使水样与琼脂充分混合。为每个水样制备 3 个平皿，另设一个仅加入营养琼脂的平皿作为空白对照。当平皿中的琼脂冷却凝固后，将其倒置并在 37℃下培养 24h。

5. 观察结果

24h 后，取出平皿进行肉眼观察，计算平皿内的菌落数量。如有需要，使用放大镜检查，以防漏计。两个平板的平均菌落数即为 1mL 水样中的菌落总数。如果某个平板上有大片状菌落生长，不应使用该平板，而应选取无大片状菌落生长的平板作为该稀释度的平均菌落数。若片状菌落仅占平板的一半，且另一半菌落分布均匀，则可以计算这一半平板上的菌落数，然后乘以 2 以代表整个平板的菌落数，再计算该稀释度的平均菌落数。

（二）大肠菌群数的测定——多管发酵法

1. 初发酵试验

在检测自来水样本时，在两个装有 50mL 灭菌的 3 倍浓缩乳糖蛋白胨培养液的 250mL 锥形瓶（内设倒管）中各加入 100mL 水样，同时将 10mL 水样接种到 10 个装有 5mL 灭菌的 3 倍浓缩乳糖蛋白发酵液管（内设倒管）。将样品混匀后，在 37℃下培养 24h。

对于轻度污染的水样，采用无菌操作法在 5 支装有 5mL 3 倍浓缩乳糖发酵管中各加入 10mL 待检水样。在 5 支装有 10mL 单倍浓度乳糖发酵管中各加入 1mL 待检水样，另外 5 支单倍浓度乳糖发酵管中各加入 10^{-1}稀释液各 1mL。对于严重污染的原水样，可分别向单倍浓度乳糖发酵管接入原水样 1mL，10^{-1}和 10^{-2}稀释度水样各 1mL，甚至更高的稀释度。

2. 平板分离

经过 24h 培养，若无变化，视为阴性反应，用“-”表示。从产酸（乳糖发酵液变黄）产气（小倒管底部有气泡）或仅产酸的乳糖发酵管中，用接种环将菌种接种到伊红美蓝平板或品红亚硫酸钠平板上，并进行编号。在 37℃下培养 18~24h 后观察菌落特征。

在伊红美蓝平板上的菌落：①深紫黑色、带金属光泽；②紫黑色、无金属光泽或略带金属光泽；③淡紫红色、中心较深。在品红亚硫酸钠平板上的菌落：①紫红色、带金属光泽；②深红色、无金属光泽或略带金属光泽；③浅红色、中心较深。对具有上述特征的菌落进行革兰染色。

3. 复发酵试验

经镜检证实为革兰染色阴性无芽孢杆菌时，挑取该菌落的另一部分接种于单倍乳糖发酵液中，每管可接种分离自同一发酵管的典型菌落 1~3 个，于 37℃培养 24h 后观察，如仍产酸产气，即证实为大肠菌群存在。

4. 结果计算

以自来水样总样量 300mL（2×100mL、10×10mL）检测者，其结果由数据查得。按总接种水样量 55.5mL（5×10mL、5×1mL、5×0.1mL）检测者，根据 3 个稀释度中产酸、产气的阳性数组合成一个数量指标，由数据查得，获得每升水样中大肠菌群的数量。

此法根据大肠菌群所具有的发酵乳糖产酸产气的特性，向含乳糖培养基中接种待检水样，经三个检验步骤后，根据发酵糖管数结果，查最大概率数表（MPN）（见二维码），即可获得待检水样中大肠菌群总数。

（三）大肠菌群数的测定——滤膜法

1. 滤膜和滤器的消毒及安装

将孔径为 0.45μm 的滤膜放入烧杯中，加入蒸馏水，放入沸水浴中进行 3 次煮沸消毒，每次 15min。前两次煮沸后需更换水，并进行 2~3 次水洗以去除残留物。将滤器清洗干净，进行高压蒸汽消毒。最后，在无菌条件下，使用无菌镊子夹取消毒过的滤膜的边缘，使其毛面朝上，放置于消毒过的滤器上，然后固定滤器。

2. 水样过滤

将 333mL 水样倒入滤器滤膜上，盖上滤器盖，在负压 500Pa 下进行抽滤。抽滤后再延时约 5s，关闭阀门，取下滤器。水样中的细菌被留在滤膜上。

3. 接种和培养

使用无菌镊子夹取滤膜的边缘，小心地将滤膜移至品红亚硫酸钠培养基平板上（截面朝上），确保滤膜和培养基之间没有气泡。然后将平板倒置，放入 37℃的环境中培养 16~18h。

4. 结果观察

培养后，在滤膜上观察紫红色并具金属光泽的菌落。选择具有大肠菌群典型特征的菌落进行革兰染色。如果染色结果为革兰染色阴性的无芽孢杆菌，将此菌落接种到一支乳糖蛋白胨半固体培养基中（接种前，先将培养基放入水浴中煮沸排气，然后冷却备用）。在 37℃下培养 6~8h 后，如产生气泡，则可判断为大肠菌群阳性。

5. 结果计算

根据鉴定结果，计算每升水样中的总大肠菌群数量。菌数（个/L）= 滤膜上生长的大肠菌群菌落数×3。需要注意的是，一个滤膜上生长的菌落数不应超过 60 个，否则由于菌落过于密集，可能导致计数不准确。

五、结果记录

对不同来源的自来水样菌落总数和大肠菌群测定结果进行汇表记录，并做相应报告。

六、思考题

1. 为什么在检测水中细菌总数和大肠菌群时，需要进行不同程度的稀释处理？请解释稀释处理的目的和影响因素。
2. 请描述品红亚硫酸钠平板法在检测水样中大肠菌群时的原理，并解释其在实验中的重要性。
3. 在水中细菌总数的检测和总大肠菌群的测定实验中，可能出现哪些误差和问题？如何采取有效措施来减小这些误差和提高实验结果的准确性？
4. 判别大肠菌群的依据是什么？
5. 为什么大肠菌群可作为水源污染的指示菌？

七、拓展资源

参考文件“每 100mL 水样中的大肠菌群（MPN）检索表”。

每 100mL 水样中的大肠菌群数（MPN）检索表

实验六　食品中菌落总数和总大肠菌群的测定

一、目的要求

1. 熟悉检测食品微生物学关键指标的技术手段。

2. 学会测定食品中细菌总数与大肠菌群数量的方法，并理解它们在食品卫生评估中的重要性。

二、基本原理

在食品卫生微生物学评估中，关键指标包括细菌总数、大肠菌群计数以及病原菌含量。常规检测至少涉及前两项指标。食品中的细菌总数（有氧平板计数法）是指在特定条件(例如培养基、培养温度和培养时间等）下，对经处理的食品样品进行培养后，每克（毫升）样品中形成的微生物菌落总数。此指标是评估食品污染程度的主要依据之一。大肠菌群作为肠道中最常见且数量众多的细菌种群，直接或间接源于人类或温血动物的粪便，因此常被作为污染指示物。大肠菌群的检测在食品卫生微生物学评估中具有重要意义。食品中大肠菌群计数以每克（毫升）样品中的大肠菌群最可能数（MPN）表示。

三、实验材料

1. 待检样品

面包，牛乳或豆浆等。

2. 培养基

营养琼脂培养基：牛肉膏5g，蛋白胨10g，NaCl 5g，调pH 7.2~7.4，121℃灭菌20min。

月桂基硫酸盐胰蛋白胨（LST）肉汤培养基：月桂基硫酸钠0.1g，胰蛋白胨20g，NaCl 5g，乳糖10g，KH_2PO_4 2.5g，K_2HPO_4 2.5g，蒸馏水1000mL。115℃灭菌20min。

煌绿乳糖胆盐（BGLB）肉汤培养基：煌绿胆盐0.5g，乳糖10g，牛肉提取物3g，酵母提取物3g，蒸馏水1000mL。115℃灭菌20min。

结晶紫中性红胆盐琼脂（VRBA）培养基：结晶紫0.001g，中性红0.03g，胆盐3.5g，琼脂15g，蒸馏水1000mL。115℃灭菌20min。

3. 试剂

无菌磷酸盐缓冲液（PBS）：称取NaCl 8.0g、KCl 0.2g、Na_2HPO_4 1.44g、KH_2PO_4 0.24g溶解在约800mL蒸馏水中，用HCl调节溶液至7.4，最后加蒸馏水定容至1L即可得0.01mol/L PBS缓冲液。121℃下灭菌20min后待用。

无菌生理盐水：称取NaCl 9.0g，将其溶解于一定量的蒸馏水中。随后，继续加入蒸馏水定容至1L。121℃下灭菌20min后待用。

4. 仪器和用具

恒温培养箱，电子天平，高压蒸汽灭菌锅，pH试纸，棉花塞，纱布，牛皮纸，记号笔，三角烧瓶，烧杯，培养皿，移液管、试管、量筒，棉绳，玻璃珠，玻璃棒等。

四、实验步骤

（一）食品中菌落总数测定

1. 样品稀释

对固体或半固体样品，取25mg置于含有225mL无菌磷酸盐缓冲液或无菌生理盐水的无菌均质杯中，8000r/min均质1~2min；对液体样品，吸取25mL置于无菌锥形瓶（可事先放入适量的无菌玻璃珠）中。摇匀后得到10^{-1}稀释液。接下来，吸取1mL 10^{-1}稀释液移至含有9mL无菌水的试管中，充分混匀，制得10^{-2}稀释液。重复该步骤，分别制备10^{-3}、10^{-4}、10^{-5}等不同稀释度的样品液供平板接种使用。

2. 混菌平板制备

根据样品污染估计，选择1~3个适宜稀释度的样品匀液（液体样品可含原液），吸取1mL样品匀液加入无菌培养皿，每个稀释度制备两个培养皿。另外，吸取1mL空白稀释液加入两个培养皿作为空白对照。在加样后，将已溶解并冷却至50℃左右的营养琼脂培养基15mL倾入平皿，迅速旋转使其混合均匀，待凝固。

3. 培养过程

待平板凝固后，倒置培养。一般条件下，于36℃±1℃培养48h±2h。水产品需于30℃±1℃培养72h±3h。

4. 结果观察

空白对照平板不应有菌生长。统计每个加样平板上的菌落数量，选择菌落数在30~300范围内的平板进行计算，取平均值，确定供试品的菌落数。称重样品以CFU/g为单位报告，体积样品以CFU/mL为单位报告。

若仅有一个稀释度平板上的菌落数在适宜计数范围内，计算两个平板菌落数的平均值，然后将平均值乘以相应稀释倍数，作为每g（mL）样品中菌落总数结果。

若有两个连续稀释度的平板菌落数在适宜计数范围内时，按以下公式计算。

$$N = \sum C/(n_1 + 0.1n_2)d$$

式中 N——样品中菌落数

$\sum C$——平板（含适宜范围菌落数的平板）菌落数之和

n_1——第一稀释度（低稀释倍数）平板个数

n_2——第二稀释度（高稀释倍数）平板个数

d——稀释因子（第一稀释度）

（二）食品中大肠菌群数的测定

1. 样品稀释

取25mg固体或半固体样品，或使用无菌移液管获取25mL液体样品。将样品放入装有225mL无菌磷酸盐缓冲液或无菌生理盐水的均质杯（8000r/min均质1~2min）或者无菌三角瓶中（瓶内预置适量无菌玻璃珠），搅拌均匀，得到10^{-1}稀释液。确保样品匀液的pH在

6.5~7.5 范围内，如有必要，使用 1mol/L NaOH 或 1mol/L HCl 进行调节。然后，使用无菌移液管吸取 1mL 10^{-1}稀释液并加入 9mL 无菌水的试管中，搅拌 3 次，制备 10^{-2}稀释液。重复此过程，制备 10^{-5}~10^{-3}稀释度的菌液，以供平板接种。

2. 初步发酵实验

针对每个样品，选择 3 个合适的连续稀释度的样品匀液（液体样品可选择原液），每个稀释度接种 3 管月桂基硫酸盐胰蛋白胨（LST）肉汤，每管接种 1mL（若接种量超过 1mL，使用双倍 LST 肉汤）。在 36℃±1℃条件下培养 24h±2h，观察倒管内气泡生成情况。若在 24h±2h 内产气，进行复发酵试验；若未产气，则继续培养至 48h±2h，产气者进行复发酵试验，未产气者视为大肠菌群阴性。

3. 复发酵试验

从产气的 LST 肉汤管中，分别用接种环取培养物 1 环，移种至煌绿乳糖胆盐肉汤（BGLB）管中。在 36℃±1℃条件下培养 48h±2h，观察产气情况。产气者视为大肠菌群阳性管。

4. 大肠菌群最可能数（MPN）报告

根据确证的大肠菌群 BGLB 阳性管数，查询 MPN 表（见二维码），报告每 g（mL）样品中大肠菌群的 MPN 值。

五、结果记录

记录并报告不同食物中菌落总数和大肠菌群数量。

六、思考题

1. 为什么要测定食品中的细菌总数及大肠菌群数？这两项实验有什么区别？
2. 在对食品中的大肠菌群进行检测时，为什么需要进行初发酵和复发酵试验？这两个阶段各自的作用是什么？
3. 在实际食品检测中，如何根据实验结果判断食品是否达到安全卫生标准？如果食品中菌落总数和大肠菌群超标，可能导致哪些卫生问题和食品安全隐患？

七、拓展资源

参考文件“食品安全国家标准　食品微生物学检验　大肠菌群数计数”。

食品安全国家标准 食品微生物学
检验 大肠菌群数计数

实验七　淀粉酶产生菌发酵工艺的优化

一、目的要求

1. 研究并优化淀粉酶产生菌的发酵工艺，以提高淀粉酶产量和生产效率。

2. 掌握正交试验优化实验室发酵条件的基本方法。

二、基本原理

在微生物制备酶制剂的过程中，培养基组成和物理条件对产酶效果具有重要影响。为了实现最佳产酶效果，需要对这些变量进行优化，并通过单因素分析与正交实验方法来寻找最适合的发酵条件。关键参数主要包括碳源、氮源、溶氧浓度、接种量、pH 和发酵周期等。氮源对于微生物细胞中的蛋白质、酶和核酸的形成具有关键作用，而溶氧浓度和接种量会对菌体生长速度产生影响。此外，适当的 pH 和发酵时间对于确保反应的完整性具有至关重要的意义。

为了全面评估各成分对产物的综合效果，可以运用数学统计方法对培养基成分进行优化。正交实验设计有助于在较少的实验次数中找出培养基成分的最优组合。正交实验设计过程主要分为试验设计和数据处理两个阶段，包括方案的选择与确定以及基于实验数据的最佳组合统计推断。

正交实验设计需要遵循以下基本步骤：首先，明确实验目标，选择相关因素（包括交互作用）并设定不同水平；其次，选用适当的正交表；然后，根据所选正交表设计表头，确定试验方案；接下来，组织实施试验；最后，对试验结果进行分析。

正交实验结果分析主要依赖于方差分析，以检测各因素对酶活的显著性（F 检验）。在确定最佳方案时，如果不考虑交互作用，可以根据各因素在各水平下的总产量或平均产量来判断；若考虑交互作用，则根据各种组合下产量的平均值，遵循优化准则来确定最优方案。通过这一系列的优化实验，可以提高酶的产量，提高酶制剂的生产效率，从而在工业生产中实现更高的经济效益。

三、实验材料

1. 仪器及用具

50mL 三角瓶，移液管，试管，培养皿，电子天平，超净工作台，培养箱，摇床，离心机（离心管），水浴锅，分光光度计，比色皿等。

2. 培养基试剂

LB 培养基，DNS 试剂等。

四、操作步骤

首先，进行种子培养液的制备，将冻存的甘油菌按 2.5%~3%的比例接种到装有 250mL

LB 培养基的瓶中，然后在 37℃和 200r/min 的条件下进行培养至次日。

其次，对影响产酶效果的单因素进行研究：

(1) 探讨碳源浓度对产酶效果的影响　将不同浓度的葡萄糖分别加入装有 100mL 液体发酵培养基的 250mL 三角瓶中，调整 pH 至 6.0 后接种种子液，于 37℃，200r/min 条件下进行 72h 发酵，并测定酶活性。

(2) 探讨氮源浓度对产酶效果的影响　将不同浓度的 NH_4NO_3 分别加入装有 100mL 液体发酵培养基的 250mL 三角瓶中，调整 pH 至 6.0 后接种种子液，于 37℃，200r/min 条件下进行 72h 发酵，并测定酶活性。

(3) 探讨培养基 pH 对产酶效果的影响　分别调整含 100mL 液体发酵培养基的三角瓶中的 pH 至 3.5、4.0、4.5、5.0、5.5、6.0 和 6.5，接种种子液后于 37℃，200r/min 条件下进行 72h 发酵，并测定酶活性。

(4) 探讨发酵时间对产酶效果的影响　在含 100mL 液体发酵培养基的三角瓶中分别接种种子液，然后在 37℃，200r/min 条件下进行 48、60、72、84、96、108h 的摇瓶发酵，并测定酶活性。

最后，通过以下方法测定酶活性（表 4-3）：

(1) 制作葡萄糖标准曲线并得出相关公式。

(2) 适当稀释酶液，参考表 4-4 进行 DNS 反应后测定酶活性。

表 4-4　DNS 反应体系的配制

操作步骤	空白对照管	样品管 1～6
步骤 1	加入淀粉溶液 1.8mL	加入淀粉溶液 1.8mL
步骤 2	50℃保温 5min	50℃保温 5min
步骤 3	加入待测酶液 0.2mL	加入待测酶液 0.2mL
步骤 4	50℃保温 10min 后加入 NaOH 终止反应	50℃保温 10min 后加入 NaOH 终止反应
步骤 5	加入 3mL DNS 试剂（注意：混合均匀）	加入 3mL DNS 试剂（注意：混合均匀）
步骤 6	加入 0.2mL 待测酶液，沸水浴 5min 后冷却	沸水浴 5min 后冷却
步骤 7	加蒸馏水 10mL，混匀	加蒸馏水 10mL，混匀
步骤 8	OD_{540nm}测吸光度	OD_{540nm}测吸光度

首先将样品管 1～6 的 OD 值分别代入葡萄糖标准曲线公式，得到样品中生成的葡萄糖含量；定义淀粉酶的活性单位（在一定条件下，pH6、50℃，在 10min 内，能水解淀粉生成葡萄糖 1mg 所需的酶量，称为一个活性单位）并计算出酶活性单位数。淀粉酶活性单位数 = $m/V_{测}×15×n$（式中 m 为 $V_{测}$体积测出的葡萄糖毫克数，n 为酶液稀释倍数）

通过以上实验步骤，我们可以分析不同单因素（如碳源浓度、氮源浓度、培养基 pH 和发酵时间）对产酶效果的影响。这有助于寻找最适宜的发酵条件，从而在实际应用中提高酶的产量和活性。通过建立葡萄糖标准曲线和对酶液进行适当稀释，可以准确测定酶活性，为进一步优化发酵工艺提供依据。

总结以上实验过程，我们可以深入理解各单因素对酶产量和活性的影响，为酶的生产和应用提供重要参考。此外，这些实验步骤可以为类似领域的研究提供借鉴，有助于科研人员在相关生物工程和微生物领域取得更好的研究成果。

需要注意的是，在实验过程中，应确保操作规范、准确，以避免实验误差和可能的污染问题。此外，在分析和解读实验数据时，要充分考虑各种因素的综合作用，以确保得出的结论具有科学性和合理性。

在未来的研究中，可以进一步探讨其他可能影响产酶效果的因素，如菌种、培养基成分以及发酵参数等。同时，可以通过优化实验条件和方法，结合现代生物技术手段，提高酶的产量和活性，使其在工业生产和实际应用中发挥更大的价值。

在研究酶活性受碳源浓度、氮源浓度、pH 以及发酵时间影响的过程中，在单因素试验的基础上可以进一步、进行正交试验设计。我们为每个变量设定了 3 个不同的水平（在允许的变化范围内进行试验的特定点）。请参照表 4-5 以进行相应的正交试验设计。

表 4-5　正交试验因素与水平

因素水平	碳源浓度（*A*）	氮源浓度（*B*）	发酵时间（*C*）	pH（*D*）
1	最优-1	最优-1	最优-12	最优-0.5
2	最优	最优	最优	最优
3	最优+1%	最优+1%	最优+12%	最优+0.5%

按照正交表——L9 表（L 是正交表的代号，L 右下角的数字表示试验次数）进行试验（表 4-6）。

表 4-6　正交设计表——L9（3^4）表

试验号	*A*	*B*	*C*	*D*
1	1	1	1	1
2	1	2	2	2
3	1	3	3	3
4	2	1	2	3
5	2	2	3	1
6	2	3	1	2
7	3	1	3	2
8	3	2	1	3
9	3	3	2	1

注：L 是正交表的代号，L 右下角的数字表示试验次数，用这张正交表安排试验包含 9 个处理（水平组合）：括号内的底数“3”表示因素的水平数，括号内 3 的指数“4”表示有 4 列，用这张正交表最多可以安排 4 个 3 水平因素。

（3）进行方差分析，得出最佳方案。我们对前述结果执行方差分析，以识别酶活性产生显著影响的因素，并确定其最佳水平。

五、结果记录

翔实记录单因素试验和正交试验数据，并进行科学数据分析，最后计算出淀粉酶酶活性并得出最佳培养基配制方案和最佳培养条件。

六、思考题

1. 酶活性测定的注意事项有哪些？
2. 在淀粉酶产生菌的发酵过程中，除了碳源、氮源、pH 和发酵时间等因素外，还有哪些其他因素可能对酶产量和活性产生显著影响？请简要说明其可能的作用机制。

附录 1 教学常用培养基

一、牛肉膏蛋白胨培养基（用于分离和培养细菌，是一种天然培养基）

牛肉膏 3g，蛋白胨 10g，NaCl 5g，琼脂 20g，加热煮沸，加水 1000 mL，调 pH 至 7.0~7.2，121℃灭菌 20 min。

二、马丁培养基（用于分离真菌的选择性培养基）

葡萄糖 10g，蛋白胨 5g，KH_2PO_4 1g，$MgSO_4 \cdot 7H_2O$ 0.5g，琼脂 20g，水 1000mL，pH 自然，115℃灭菌 30min。每 1000mL 加入 1%孟加拉红水溶液 3mL，临用时每 100mL 培养基中加入 1%链霉素 0.3mL，使每毫升培养基中含链霉素 30μg。

三、高氏一号培养基（用于培养和观察放线菌形态特征的合成培养基）

可溶性淀粉 20g，KNO_3 1g，NaCl 0.5g，K_2HPO_4 0.5g，$MgSO_4$ 0.5g，$FeSO_4$ 0.01g，琼脂 20g，水 1000mL，调 pH 至 7.2~7.4，121℃灭菌 20min。

配制时，可溶性淀粉称取后，先用冷水调成糊状，再加入少量所需水量的沸水，继续加热，使可溶性淀粉完全溶解，然后按照顺序称取其他各成分，并依次溶解。$FeSO_4$ 可先配制成高浓度的储备液，按比例换算后用移液管吸取加入。待所有试剂完全溶解，补充水分至总体积。

在分离放线菌时，需要在培养基中添加 25~50U/mL 的链霉素和 50U/mL 的制霉菌素以抑制细菌和霉菌的生长。

四、察氏培养基（用于青霉、曲霉鉴定）

$NaNO_3$ 3g，K_2HPO_4 1g，KCl 0.5g，$MgSO_4$ 0.5g，$FeSO_4$ 0.01g，蔗糖 30g，琼脂 20g，水 1000mL，pH 自然，121℃灭菌 20min。

五、马铃薯培养基（简称 PDA，用于培养真菌，是一种天然培养基）

马铃薯 200g，蔗糖（或葡萄糖）20g，琼脂 20g，水 1000mL，pH 自然，121℃灭菌 30min。

配制时，马铃薯去皮，切块煮沸 30min，纱布过滤，再加糖和琼脂，熔化后补足水至 1000mL。

六、YPD 培养基（用于酵母菌的培养）

酵母膏 10g、蛋白胨 20g、葡萄糖 20g，琼脂 20g，加热煮沸，水 1000mL，pH 自然。葡萄糖、酵母膏和蛋白胨溶液混合后在高温下可能会发生化学反应，导致培养基成分变化，所以需要分别灭菌。葡萄糖可以过滤除菌，也可以 115℃灭菌 15min，其他成分 121℃灭菌 20min，灭完菌后再混合，总体积 1000mL 不变。

七、明胶培养基

牛肉膏 3g，蛋白胨 10g，NaCl 5g，明胶 120g，琼脂 20g，加热煮沸，加水 1000mL，调 pH 至 7.2~7.4，115℃灭菌 15min。

八、糖发酵培养基（用于糖发酵试验）

蛋白胨水培养基 1000mL，1.6%溴甲酚紫乙醇溶液 1~2mL，pH 7.6，另配 20%糖溶液（葡萄糖、乳糖、蔗糖）各 10mL。

制法：①将上述含指示剂的蛋白胨水培养基（pH 7.6）分装于试管内，在每管内放置一倒置的德汉小管。②将已分装好的蛋白胨水和 20%糖溶液分别灭菌，蛋白胨水 121℃灭菌 20min，糖溶液 112℃灭菌 30min。③灭菌后，每管以无菌操作分别加入 20%无菌糖溶液 0.5mL（按每 10mL 培养基中加入 20%糖溶液 0.5mL，则成 1%的浓度）。

九、蛋白胨水培养基

蛋白胨 10g，NaCl 5g，水 1000mL，pH 7.6，121℃灭菌 20min。

十、葡萄糖蛋白胨培养基（用于生理生化 MR 试验和 VP 试验）

蛋白胨 5g，葡萄糖 5g，K_2HPO_4 2g，水 1000mL，pH 7.0~7.2，112℃灭菌 20min。

十一、强化梭菌（RCM）培养基（用于厌氧菌的培养）

蛋白胨 10g，牛肉膏 3g，酵母膏 3g，葡萄糖 5g，可溶性淀粉 1g，无水乙酸钠 3g，NaCl 5g，盐酸半胱氨酸 0.5g，琼脂 20g，加热煮沸，加水 1000 mL，调 pH 至 7.4，121℃灭菌 20 min。

十二、LB 培养基

胰蛋白胨 10g，酵母提取物 5g，NaCl 10g，pH 7.0~7.2，水 1000mL，121℃灭菌 20min。

以上培养基为常用培养基，其他非常用培养基在实验中注明。

固体培养基配制时或分装至锥形瓶灭菌后备用，或分装至试管中，灭完菌后摆放斜面，制成斜面培养基。固体培养基一般需要加入 1.5%~2%的琼脂，如配制液体培养基，配方中去掉琼脂即可，如配制半固体培养基，则需要 0.3%~0.5%琼脂。

附录 2 教学常用染色液的配制

一、吕氏（Loeffler's）美蓝染色液

A 液：美蓝（Methylene Blue）	0. 6g

95%酒精溶液	30mL

B 液：KOH 溶液	0. 01g

蒸馏水	100mL

分别配制 A 液和 B 液，配好混合即可。

二、石炭酸复红染色液

A 液：碱性复红（Basic Fuchsin）	0. 3g

95%酒精溶液	10mL

B 液：石炭酸	5. 0g

蒸馏水	95mL

将碱性复红在研钵中研磨后，逐渐加入 95%酒精，继续研磨使其溶解，配成 A 液。

混合 A 液及 B 液即可。一般可将此溶液稀释 5~10 倍使用。但稀释液易变质失效，一次不宜多配。

三、革兰（Gram）染色液

1. 草酸铵结晶紫染液

A 液：结晶紫（Crystal Violet）	2g

95%酒精溶液	20mL

B 液：草酸铵（Ammonium Oxalate）	0. 8g

蒸馏水	85mL

混合 A 液和 B 液，静置 48h 后使用。

2. 卢戈（Lugol）碘液

碘片	1g

碘化钾	2g

蒸馏水	300mL

先将碘化钾溶解在少量水中，再将碘片溶解在碘化钾溶液中，待碘全部溶解后，加够水即成。

3. 番红复染液

番红（Safranine O）	2. 5g

95%酒精溶液	100mL

取此液 10mL 与 80mL 蒸馏水混匀即可。

四、芽孢染色液

1. 孔雀绿染色液

孔雀绿（Malachite Green）	5g

蒸馏水	100mL

2. 番红水溶液

番红	0. 5g
蒸馏水	100mL

五、乳酸碳酸棉蓝染色液

碳酸	10g
乳酸	10mL
甘油	20mL
蒸馏水	10mL
棉蓝	0. 02g

将石炭酸加入蒸馏水中，加热溶解，然后再依次加入其他物质。

附录 3　教学常用试剂和溶液的配制

一、淀粉酶产生菌分离试验用碘液（卢戈碘液）

碘片	1g
碘化钾	2g
蒸馏水	300mL

先将碘化钾溶解在少量水中，再将碘片溶解在碘化钾溶液中，待碘全溶后，加足水分即可。

二、溴甲酚紫指示剂

溴甲酚紫	0.04g
0.01mol/L NaOH	7.4mL
蒸馏水	92.6mL

溴甲酚紫 pH 5.2~6.8，颜色由黄变紫，常用质量浓度为 0.04%。

三、甲基红试剂

甲基红（Methyl Red）	0.04g
95%酒精	60mL
蒸馏水	40mL

先将甲基红溶于 95%酒精中，然后加入蒸馏水即可。

四、VP 试剂

1. 5%α-萘酚无水酒精溶液

α-萘酚	5g
无水乙醇	100mL

2. 40%KOH 溶液

KOH	40g
蒸馏水	100mL

五、DNS 试剂

酒石酸钾钠 18.2g，溶于 50mL 蒸馏水中，加热，于热溶液中依次加入 3，5-二硝基水杨酸 0.63g，NaOH 2.1g，苯酚 0.5g，搅拌至溶解，冷却后用蒸馏水定容至 100mL，贮于棕色瓶中，室温保存。

主要参考文献

[1] 沈萍，陈向东．微生物学实验［M］. 5 版，北京：高等教育出版社，2018.

[2] 程丽娟，薛泉宏．微生物学实验技术［M］. 2 版，北京：科学出版社，2012.

[3] 辛明秀，黄秀梨．微生物学实验指导［M］. 3 版，北京：高等教育出版社，2020.

[4] 郑平．环境微生物学实验指导［M］. 杭州：浙江大学出版社，2005.

[5] 徐威．微生物学实验［M］. 2 版，北京：中国医药科技出版社，2014.

[6] 徐德强，王英明，周德清．微生物学实验教程［M］. 4 版，北京：高等教育出版社，2019.

[7] 车振明，微生物学实验［M］. 1 版，北京：科学出版社，2011.

[8] 陈珊、刘东波、李凡．微生物学实验指导［M］. 1 版，北京：高等教育出版社，2011.

[9] 顾夏声，胡洪营，文湘华等．水处理生物学［M］. 6 版，北京：中国建筑工业出版社，2018.